NLP 卓越青少年训练营

从小学会理财

NLP卓越青少年训练营导师团队◎编

吉林出版集团有限责任公司 | 全国百佳图书出版单位

图书在版编目（CTP）数据

从小学会理财/NLP卓越青少年训练营导师团队
编.—长春：吉林出版集团有限责任公司，2013.6
（NLP卓越青少年训练营）
ISBN 978-7-5534-1975-6

Ⅰ．①从… Ⅱ．①N… Ⅲ．①财务管理—青年读物②
财务管理—少年读物 Ⅳ．①TS976.15-49

中国版本图书馆CIP数据核字(2013)第118692号

CONGXIAO XUEHUI LICAI

从小学会理财　　　　　　　　　　NLP卓越青少年训练营导师团队　编

出版策划：孙　昶
项目统筹：张岩峰　李　超
项目策划：郝秋月
项目助理：王　媛
责任编辑：范　迪　杨俊梅
装帧设计：颜森设计
出　　版：吉林出版集团有限责任公司（www.jlpg.cn/yiwen）
　　　　　（长春市人民大街4646号，邮政编码：130021）
发　　行：吉林出版集团译文图书经营有限公司
　　　　　（http://shop34896900.taobao.com）
电　　话：总编办 0431-85656961　营销部 0431-85671728
印　　刷：北京海德伟业印务有限公司
开　　本：787mm×1092mm　1/16
印　　张：15
字　　数：270千字
版　　次：2013年7月 第1版
印　　次：2014年6月 第3次印刷
书　　号：ISBN 978-7-5534-1975-6
定　　价：35.80元

前　言

"财商"一词最早由美国作家兼企业家罗伯特·清崎在《富爸爸穷爸爸》一书中提出。财商指的是一个人在财务方面的智力，即理财的智慧，是衡量一个人在商业方面能否取得成功的重要指标。

财商包括两方面的能力：一个是正确认识财富及财富倍增规律的能力；二是正确应用财富及财富倍增规律的能力。财商是一个人判断财富的敏锐性，以及对怎样才能形成财富的了解。它被越来越多的人认为是实现成功人生的关键。

本书从具体的财商培养细节出发，让青少年十分清晰地明白自己需要做哪些准备来达到财商的提升，同时根据青少年的特点，介绍了财商相关的知识，并且提出了一些切实可行的方法。

借助财商，青少年可以学会富人的思维方式、理财模式和赚钱方式，掌握提高财商的基本方法，迅速提升自己的洞察力和综合理财能力；懂得如何看待金钱、运用金钱；懂得运用正确的财商观念来指导自己的生活，掌握一些实用的理财方法等。

我们也许对财富新贵的资产都会很艳羡，梦想着有朝一日能够像他们一样家财万贯。其实，你要成为亿万富翁也不是没有可能。这是一个创造奇迹的时代，人人都是平等的，没有高低贵贱之分。他们致富的秘诀是什么呢?答案就是财商。他们时刻都在思考、在行动。最终通过不懈的努力，实现了自己人生的辉煌。

希望本书可以帮助青少年对自己、对他人、对人生有个更正确的认识，

对财富、理财也有一个更为全面的认知，从而成为一个财商达人。最后请记住：你的人生，由你做主；你的钱袋，脑袋决定。只要你拥有赚钱智慧，并且勇于付诸实施，你的人生将更加灿烂辉煌！

目　录 / CONTENTS

第一章

培养自己的冒险基因

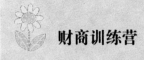

做敢于冒险的青少年

　　冒险是一个人经过权衡利弊，对新鲜事物进行勇敢尝试的一种行为。为了成功而冒险最需要的就是毫不犹豫向前冲锋的勇气。但真正的冒险绝不是冒冒失失地无端逞强和企图侥幸地投机取巧。冒险是有目的、有计划地对你的智慧和能耐进行挑战。

　　那么，如何让自己变得敢于冒险呢？

　　1. 每天尝试一件新事物

　　比尔·盖茨说："所谓机会，就是去尝试新的、没做过的事。"人们做任何事都有成功和失败两种可能，冒险就是从新的事物中找到成功的可能性并付诸实施。既然如此，那么青少年最好每天能够选择一些不曾尝试过的新事物，从中锻炼自己的胆量和应急能力，积累处理新事物的能力。

　　2. 列出成功的可能性

　　最好找张纸把自己的想法中可行性、可能性项目列清楚，再把困难点和解决途径也列好。这样你可以一目了然地看到自己行动的成功潜质,可以及时发现问题，解决问题。即使失败，也不可过度自责，而要积极想出解决措施，以沉稳的姿态列出失败的原因以及未来改进的办法，把错误的损失减少到最小。

　　3. 远离态度消极者

　　要远离那些对事情持消极态度的人，寻找那些实现了理想的人做你的导师。他们会有更多正面的经验传授给你，而你现在最需要的也是这些促进行动的指南。既然决定冒险一试，那么在结果到来之前你就要忽略失败二字，所以，不要听信他人消极的规劝。

3. 告诉自己天生我材必有用

杨澜曾经说过："宁在冒险尝试中失败，不在胆怯保守中成功！"所谓保守，也就是满足于现状，不敢向前探索，最终甘于平庸。一个人一旦有了这样的想法时，要赶紧打消，因为这在某种意义上已经是一种失败了。经常告诉自己，天生我材必有用，我来到世上的目的不是要变得平庸，而是要变得卓越。

4. 不要等一切问题都解决了才开始行动

许多人会为尝试新事物做许多的准备工作，这本来无可厚非，但是也不要等到所有的问题都解决了才开始行动，因为很有可能等你准备好的时候机遇已经溜走了。最好的方法是把暂时解决不了的问题留到行动中去，许多问题到时候会迎刃而解。

5. 在生活中设置适当的"障碍"挑战自己

一般来说，内向的人多半胆小怕事又怯场。对于这些人，自己要多鼓励自己，千万不要说"我这个胆小鬼""我这个没用的家伙""这也太懦弱了"之类的话。如果你这么做了，无疑是给雪上加霜，更不敢向自己的懦弱和胆小挑战了。青少年可以在生活中把自己的弱点找出来，给自己设置障碍，多次锻炼，克服弱点，让自己去勇敢面对这些"害怕的东西"。

6. 相信自己不要轻信局外人的看法

当你打算进行冒险尝试的时候，一般会有许多局外人说出自己的看法，而他们的说法往往包含着不知内情的猜测。青少年要做的是不要轻信对方，相信自己的判断，对局外人不知内情的猜测加以解释和说明，表达自己的见解。

7. 胆识结合，积累必要的常识

冒险的尝试并非盲目的行动，而是要有许多基础的知识做为铺垫。青少年在平时的学习、生活中多阅读一些基础知识类的书籍，增加自己各方面的知识储备。适合阅读的书籍比如：十万个为什么、自然科普书籍、冒险纪录片、生存技巧手册等。

用保险赚风险的钱

把钱放进保险箱，不如让它跨过风险墙。

——犹太格言

1680年，英国人爱德华·劳埃德在泰晤士河畔开了一家咖啡馆。这个咖啡馆马上成为海员之家，一些船主、富商、航海家经常在这里集会喝酒。当时由于通讯设备还相当落后，没有发行报纸，人们彼此传递信息的场所就是咖啡馆。劳埃德广泛收集主顾们感兴趣的远洋航运信息，为他们彼此传递，使咖啡馆的生意异常兴隆。

可是，劳埃德并不甘心一生都做咖啡店生意。他认为，作为一名男子汉应敢于冒险，富于创造，轰轰烈烈地干一番事业。他一直在等待良机，这个时机终于来到了。

在一次偶然的交谈中，劳埃德听到伦巴第人在做海运保险。在那时，英国海运十分不安全，不是碰到想不到的恶劣天气，就是遭到海盗或敌方的袭击，海难事件经常发生，从事海上贸易的人都希望有人能为他们的船只和财物保险。

这些信息给了劳埃德很大启发。他想，为什么不倡议船主、货主参加海运保险呢？这一大胆倡议一经提出，便获得了船主、货主们的积极响应，一拍即合。劳埃德在航运朋友们的支持下，决心在英国创立海运保险事业。

所谓海运保险，就是：用保险的方法，使船舶发生任何损失或损害时不至于造成破产；由多数人分担少数人的损失。所以商人们特别是较年轻的商人，受保险方法的吸引，更愿意自由地从事商业冒险。

劳埃德为了筹划资金，果断地拿出了所有的积蓄。接着，又着手物色办事人员。他在这个能充分施展自己才能的领域中发挥出了最大的潜能和创造力。很快，劳埃德便以自己的姓氏命名，建立了"劳埃德保险公司"。在英国泰晤士河边的这家咖啡店一跃成为英国保险事业的发源地。

劳埃德经营有方，劳埃德保险公司的魄力和信誉使得保险业不断拓展，保险的项目也日渐增多，范围也随之扩大。美丽的影剧两栖明星玛莲·戴崔姬就为自己的容颜和一双玉腿在劳埃德保险公司投保100万英镑。

这一举动引起了欧美人士的关注。可见，劳埃德公司承担的项目是无所不包，无奇不有。从太空卫星、超级油轮，到主演电影《超人》的男影星的人身安全，都到劳埃德公司去投保。

因为劳埃德公司是采取合组的劳合社经营管理公司，财力十分雄厚，敢于承接金额庞大的保险项目。它的名声也在世界各地广为流传。劳埃德认为：风险越大，成功机会就会越多。

寄语青少年

若成功与失败清楚地摆在面前，你只需选择其一，那不算风险。但当前面的路途一片黑暗，你跨过去时，可能会掉进陷阱或深谷里，但也可能踏上一条康庄大道，很快把你带领到目的地去。于是风险出现了，或停步，或前进，你要做出选择。

自我训练

怎样让冒险变得保险

1. 为冒险分类

为你的冒险行为分类，这样你会明确知道自己做的事情属于哪一个领域。而每一个领域都有许多前车之鉴和规律性的东西值得借鉴、学习，这样就会让我们少走一些弯路。比如，你玩的是极限运动，那么极限运动的许多规范和教训，自己要提前知晓，尽量避免少犯类似的错误。

2. 寻求同类人的意见

一定存在许多支持你行动的人，你要主动向他们询问自己的行动有没有什么外人看起来的漏洞。所谓当局者迷旁观者清，他们往往会给你一些宝贵的建议，细心听取，你会受益良多。

一旦看准，大胆行动

> 猎豹看到猎物便迅猛出击，商人看到发财的机会便一举拿下，毫不犹豫。
>
> ——西方民谚

哈德斯在波士顿刚建铁路的时候就来到了这里，那时候，波士顿还是一个小镇，大街上人烟稀少，商业也没有多少发展，很少有人来这里寻找商机。

但自从建造了铁路，从四面八方聚集来的人越来越多。许多人都看出了铁路会给这个地方带来繁荣，那么自然商业一块也是有利可图的。刚来的时候，哈德斯的身上只有500美元，尽管如此，但他依然想在这里做一番大事业。他明白，赚钱靠的是想法，而不仅仅是有多少的本钱。

那时候，适逢土地价格升值，地价疯长，哈德斯觉得做土地买卖一定能赚大钱，已经有许多人蠢蠢欲动了。虽然风险也存在，一旦产生经济泡沫，第一个受损害的就是地产行业。

但当时哈德斯考虑到波士顿的基础建设稳步发展，泡沫暂时很难产生。本想冒险投资的他却苦于没有资金，最后他想到了租地的办法，几经寻找，他终于找到了一家即将弃用的工厂。哈德斯提出租地60年，每年费用为10万美元，这样下来，整个租期厂家共收入600万美元，厂长一听很是高兴，觉得这要比卖地还要赚钱。于是欣然同意了。

虽说600万美元对哈德斯来说是一笔庞大的数字。但他并不担心，他又找来了一个投资商伙伴，他告诉对方，人是活的，但地是死的，何不用活动的方法赚不动的钱呢？于是他成功地说服了投资人在这个黄金地带建造一座大厦。

大厦落成以后，哈德斯通过不断地努力和宣传，招徕了不少来波士顿投资的商人入住他的大厦。一年下来，大厦给他带来的租金居然有300多万美元，他只需两年时间就可以把所有的租地的费用付清了。之后的几年间，去掉和投资伙伴的分红，哈德斯每年可以获得至少200万美元的收益。

接着，哈德斯再次把这些钱都投入了地产事业，他的商业帝国迅速扩大，所得收益和事业上的成功就不必多说了。从此他成了波士顿早期成功的地产商之一，人们都追着哈德斯的脚步开始开发地产，但是先机早已被哈德斯占尽。

而此时，那个把土地租给哈德斯的工厂只有后悔的份儿了。

寄语青少年

机遇常与风险并肩同来，一些人看见风险便退避三舍，这种人往往在机会来临之时踌躇不前，瞻前顾后，最终什么事也做不成。我们虽然不赞成赌徒式的风险，但任何机会都有一定的风险性，如果因为怕风险就连机会也不要了，无异于因噎废食。

自我训练

如何锻炼自己的眼光

1. 心理层面的锻炼

眼光是通过许多的社会经验积累出来的看人看事的本领。为了得到更多的经验你必须主动地参与许多的社会活动。在活动中不仅仅要活跃、大胆，更要学会思考，把自己放在旁观者的位置上思考人和事的规律。

2. 物理层面的训练

眼光除了能让你看懂许多事情以外，还可以让别人从你的眼神中读出许多含义。锻炼自己的眼神可以通过长时间盯看鱼缸里的来回游动的金鱼，这样可以锻炼自己的眼神的稳定性和持久性。

教训会让你变得更理性

只有通过智力的这样一种活动，即认识到冒险的必要而决心去冒险，才能产生果断。

——克劳塞维茨

作为一名成功的证券投机商，霍希哈从来都不鲁莽行事。他的每一个决策都是建立在充分掌握第一手资料的基础上。他有一句名言：除非你十分了解内情，否则千万不要买减价的东西。而这个至理名言是以惨痛的代价换来的。

1916年，初涉股市的霍希哈以自己的全部家当买下了大量雷卡尔钢铁公司的股票，他原本以为这家公司将走出经营的低谷，然而，事实证明他犯了一个不可饶恕的错误。霍希哈没有注意到这家公司的大量应收账款实际已成死账，而它背负的银行债务即使以最好的钢铁公司的业绩水平来衡量，也得30年时间才能偿清。结果雷卡尔公司不久就破产了，霍希哈也因此倾家荡产，只好从头开始。

经过这次失败，霍希哈一辈子都牢记着这个教训。1929年春季，也就是举世闻名的世界大股灾和经济危机来临的前夕，当霍希哈准备用50万美元在纽约证券交易所买一个席位的时候，他突然放弃了这个念头。霍希哈事后回忆道："当你发现全美国的人们都在谈论着股票，连医生都停业而去做股票投机生意的时候，你应当意识到这一切不会持续很久了。人们不问股票的种类和价钱疯狂地购买，稍有差价便立即抛出，这不是一个让人放心的好兆头。所以，我在8月份就把全部股票抛出，结果净赚了400万美元。"这一个明智的决策使霍希哈躲过了灭顶之灾。而正是在随后的16年中，无数曾在股市里呼风唤雨的大券商都成了这次大股灾的牺牲品。

霍希哈的决定性成功来自于开发加拿大亚特巴斯克铀矿的项目。霍希哈从战后世界局势的演变及原子武器的巨大威力中感觉到，铀将是地球上最重要的一项战略资源。于是，从1949年到1954年，他在加拿大的亚大巴斯卡湖买下了1222平方千米的土地，他认定这片土地蕴藏着大量的铀。亚特巴斯克公司在霍希哈的支持下，成为第一家以私人资金开采铀矿的公司。然后，他又邀请地质学家法兰克·朱宾担任该矿的技术顾问。

在此之前，这块土地已经被许多地质学家勘探过，分析的结果表明，此处只有很少的铀。但是，朱宾对这个结果表示怀疑。他确认这块土地藏有大量的铀。他竭力向十几家公司游说，劝它们进行一次勘探，但是，这些公司均表示无此意愿。而霍希哈在听取了朱宾的详细汇报之后，觉得这个险值得去冒。

1952年4月22日，霍希哈投资3万美元勘探。在5月份的一个星期六早晨，他得到报告：在78个矿样中，有71块含有品位很高的铀。朱宾惊喜得大叫："霍希哈真是财运亨通。"

霍希哈从亚特巴斯克铀矿公司得到了丰厚的回报。1952年初，这家公司的股票尚不足45美分一股，但到了1955年5月，也就是朱宾找到铀矿整整3年之后，亚特巴斯克公司的股票已飞涨至252美元一股，成为当时加拿大蒙特利尔证券交易所的"神奇黑马"。

在加拿大初战告捷之后，霍希哈立即着手寻找另外的铀矿，这一次是在非洲的艾戈玛，与上一次惊人相似的是，专家们以前的钻探结果表明艾戈玛地区的铀资源并不丰富。

但霍希哈更看中在亚特巴斯克铀矿开采中立下赫赫战功的法兰克·朱宾的意见，朱宾经过近半年的调查后认为，艾戈玛地区的矿砂化验结果不够准确。如果能更深地钻入地层勘探，一定会发现大量的铀床。

1954年，霍希哈交给朱宾10万美元，让他正式开始钻探的工作。两个月以后，朱宾和霍希哈终于找到了非洲最大的铀矿。这一发现，使霍希哈的事业跃上了顶峰。

1956年，据《财富》杂志统计，霍希哈拥有的个人资产已超过20亿美元，排名在世界最富有的前100位富豪榜在第76位。

寄语青少年

霍希哈的失败和成功都是偶然性中带着必然性的。因为风险是一种双刃剑，但只要你审时度势，仔细考察分析，冒险就会给予你优厚的回报。冒险的人在进行决策时，应依据所掌握的资料、信息，结合客观规律，扫除个人的情绪、偏见等主观因素，权衡利弊得失，估计其可行性，尽可能地进行理性分析与科学决策。

🐻 自我训练

如何总结经验教训

1．自我反省

把整个经历的事件写下来，再把自己领悟到的教训和经验也一并书写下来，接着进行反复地思考和铭记，让这件事的所有细节和教训都深入脑海。

2．与人共享

来把事情拿出来和别人分享，倾听他们的意见，再把他们的意见记下了和自己的作比较，从中发现自己认识问题上的盲点，以便日后改进。

3．检验结果

试着找机会把同样的事情重复经历一遍，引用上次的教训，检验自己是否能顺利通关，达到理想中的目标。

该出手时就出手

> 商业从来不是平静的港口，那些不敢冒险，不善冒险的人，就是上天给了他们成为富翁的机会，他们也不敢接受，这是他们缺乏商业素质的表现。
>
> ——稻盛和夫

有一次，但维尔地区经济萧条，不少工厂和商店纷纷倒闭，被迫贱价抛售自己堆积如山的存货，价钱低到1美元可以买到100双袜子。

那时，约翰·甘布士还是一家纺织厂的小技师。他马上把自己积蓄的钱用于收购低价货物，人们见到他这股傻劲，都公然嘲笑他是个蠢材。

约翰·甘布士对别人的嘲笑漠然置之，依旧收购各工厂和商店抛售的货物，并租了很大的货仓来存货。

他妻子劝他说，不要把这些别人廉价抛售的东西购入，因为他们历年积蓄下来的钱数量有限，而且是准备用做子女教养费的。如果此举血本无归，那么后果不堪设想。

对于妻子忧心忡忡的劝告，甘布士笑过后又安慰她道："3个月以后，我们就可以靠这些廉价货物发大财了。"

甘布士的话似乎兑现不了。

过了10多天，那些工厂即使贱价抛售也找不到买主了，便把所有存货用车运走烧掉，以此稳定市场上的物价。

他太太看到别人已经在焚烧货物，不由得焦急万分，抱怨起甘布士。对于妻子的抱怨，甘布士一言不发。终于，美国政府采取了紧急行动，稳定了但维尔地区的物价，并且大力支持那里的厂商复业。这时，但维尔地区因焚烧的货物过多，存货欠缺，物价一天天飞涨。约翰·甘布士马上把自己库存的大量货物抛售出去，一来赚了一大笔钱；二来使市场物价得以稳定，不致暴涨不断。在他决定抛售货物时，他妻子又劝告他暂时不忙把货物出售，因为物价还在一天一天飞涨。

他平静地说："是抛售的时候了，再拖延一段时间，就会追悔莫及。"果然，甘布士的存货刚刚售完，物价便跌了下来。他的妻子对他的远见钦佩不已。后来，甘布士用这笔赚来的钱开设了5家百货商店，业务范围也十分广泛，终于成为全美举足轻重的商业巨子。

寄语青少年

冒险与收获常常是结伴而行的。险中有夷，危中有利。要想有卓越的成果，就要敢于冒风险。而一旦得手也不可贪得无厌，冒险和机遇一样，都是有底线的，如果贪婪地触到底线，很可能之前的付出都白费了。

自我训练

给冒险找一些不可逃避的理由

1. 活着每天都是冒险，又何必在乎这点事呢

当你准备做比较冒险的决定而又犹豫不决的时候，就想想自己身处的环境。人类社会每天发生这样那样的不幸，人在家中坐，祸从天上来。此时不做，何时还能有机会留给自己？

2. 我已经做好准备了，那么冒险就只是简单的行动而已

当你已经做好了全部的准备，但还有人劝告你不要贸然前进。这个时候你要检查一下自己对冒险行为的了解情况，如果你确信自己已经没有疑问了，那么就赶紧行动吧，而且许多问题在行动中也会迎刃而解。

3. 不妨和朋友打个赌

当你把自己的冒险行为拿出来和朋友打赌，那么你就会变得"骑虎难下"。自己觉得为难的事情也不得不硬着头皮前进了。

冒险更要细心大胆

当机会来临时，不敢冒险的人永远是平庸之辈。

——《塔木德》

卡赫利法是巴林著名商业家族卡西比的后代，他开始执掌商业权柄时，曾经显赫的家族已经分崩离析，产业也凋零殆尽。他真是"受命于危难之际"。

显然，无论从资金上还是政治、社会地位上，他都难再沾家族的光了。铁的现实将他"逼上梁山"，他只能走创新之路。

当时，沙特阿拉伯的驻军需要大量外地食品，卡赫利法贷款在沙特西部的吉达港从事食品进口，这些食品从埃及购进之后转卖给军方。这一商业项目，在当时无人去做，一片肥美的处女地，被卡赫利法捷足先登了。

当卡赫利法再返回中东时，已有所积蓄，羽翼初成，他雄心勃勃，准备起飞了。

不安分守己的性格，是卡赫利法成功的重要因素。他对传统商业项目不感兴趣，总喜欢冒险开创新兴项目。

阿拉伯半岛是个蒸笼般炎热的地方，卡赫利法认为这个地方发展冷冻食品大有可为，于是，他在美孚石油公司所在地的旁边，开办了中东第一家冷冻食品店，出售冷饮和袋装食品。自然，生意是火爆的，因为它是独一无二的。

出售冷饮和速冻袋装食品，起初是美孚石油公司旁唯一的一家，渐渐地步其后尘者多了起来，消费者也迷上了这类食品。当阿拉伯冷冻食品市场初步形成时，卡赫利法已发展壮大，独占鳌头。

宋诗"诗家清景在新春，绿柳才黄半未匀，若待上林花似锦，出门俱是看花人"，以此喻商事，也是很恰当的。

当冷冻食品市场的争斗成了一锅粥时，卡赫利法急流勇退，弃旧图新，果断地跳出冷冻食品市场，避免在这块战场损兵折将，耗费精力，而是养精蓄锐，开辟新战场。

经过细致的可行性调查论证，卡赫利法向美孚公司的地方工业发展部贷款，开办了一家渔业公司，进行海鲜贸易。

5年的辛苦经营，卡赫利法已成为海湾地区的头号"渔翁"。1968年，卡赫利法在渔业方面的阵容和实力已是海外闻名了，当时，他拥有16条拖网渔船，渔业年产值高达500万美元，绝大多数海鲜打着"渔帆"商标出口美国。

渔业的巨额利润，又吸引了不少追赶"财神爷"的人。科威特、伊朗、巴林等国家和地区的商人纷纷嗅到鱼腥，都想大吃一口。但波斯湾的鱼虾不会随着捕捞规模迅速扩展而增加，反而锐减。

卡赫利法这时果断地鸣金收兵。众多渔业公司在昙花一现的高潮之后纷纷破产。卡赫利法又将魔手指向了建材业。

1970年之后，沙特房地产业迅速发展，卡赫利法集中精力生产混凝土砖块，这种砖块成为热销货，供不应求。

寄语青少年

卡赫利法似乎在牵着财神爷的鼻子走，他走到哪里，财神爷就跟到哪里。青少年要做个喜欢挑战新事业的人，越喜欢冒险的人，获得高收益的几率就越大，而获利颇丰后，你的冒险的神经就越发活跃。

自我训练

通过测试来看看自己的财富智慧吧

用"是"或"否"来回答下面的问题，回答"是"记1分，回答"否"记0分，并累计最终得分。

1. 在买东西时，会不由自主地算算卖主可能会赚多少钱。

2. 如果有一个能赚钱的项目，但是你缺乏资金，你会借钱投资来做。

3. 在购买大件商品时，经常会计算成本。

4. 在与别人讨价还价时，会不顾及自己的面子。

5. 善于应付不测的突发事件。

6. 愿意下海经营而放弃拿固定的工资。

7. 喜欢阅读商界人物的经历。

8. 对于自己想做的事，就坚持不懈地追求并达到目的。

9. 除了当前的本职工作，自己还有别的一技之长。

10. 对于新鲜事物的反应灵敏。

11. 曾经为自己制订过赚钱计划并且实现了这个计划。

12. 在生活或工作中敢于冒险。

13. 在工作中能够很好地与人合作。

14. 经常阅读或收看财经方面的文章。

15. 在股票上投资并赚钱。

16. 善于分析形势或问题。

17. 喜欢考虑全局与长远问题。

18. 在碰到问题时能够很快地决策。

19. 经常计划该如何找机会去挣钱。

20. 做事最重视的是达成的目标与结果。

分析结果：

如果你的得分在12分以上，这意味着你已经具有一定的赚钱的心理基础了，可能你还具备了较强的赚钱能力，你可以考虑选择一个项目大胆地去干。如果你的得分在12分以下，那么，你在准备投身于某一个项目之前，不妨再学习或训练一下自己的赚钱技巧吧。

没有远见，冒险危险

远见是看到比别人远的地方，甚至能看到拐弯过去的地方。

—— 亚吉波多

19世纪80年代中期，当宾州的油田由于疯狂的开采而趋向枯竭时，蕴藏量更大的俄亥俄州的油田正逐步开发起来。

当时新发现的利马油田，地处俄亥俄州西北与印第安纳东部交界的地带。那里的原油有很高的含硫量，反应生成的硫化氢发出一种鸡蛋腐败的难闻气味，所以人们都称之"酸油"。没有原油公司愿意买这种低质量的原油，除了洛克菲勒。

当洛克菲勒提出自己要买下油田的建议时，几乎遭到了标准石油公司执行委员会所有委员的反对，包括亚吉波多、普拉特和罗杰斯等。因为这种原油的质量实在太差了，每桶只值0.15美元，虽然油量很大，但谁也不知用什么方法才能对它进行有效的提炼。只有洛克菲勒坚持有一天会找到炼去高硫的方法。

亚吉波多也说，如果那儿的石油提炼出来的话，他将把产生出来的石油全部吞进肚子。不管亚吉波多怎么说，洛克菲勒总是固执地保持沉默。亚吉波多最终失望了，他当即表示将他的部分股票以每一美元减到85美分出售。

面临着非此即彼的选择，执行委员会同意了。标准石油公司第一次以800万美元的最后价格购买了油田，这是公司第一次购买产油的油田。

洛克菲勒始终是乐观的，美孚托拉斯的前景如此辉煌，他的乐观简直变成了如痴如狂。他从自己的腰包里掏出300万美元，让一位颇有名气的化学家——德国移民赫尔曼·弗拉希来研究一种可将石油中的硫提取出来的方法。

弗拉希一头扎进了实验室。洛克菲勒不懂科学，但知道科学家的工作是不能受到干扰的。对弗拉希的要求，他一概有求必应。用于研究的经费是巨大的，几万美元维持几个月时间就算不错了。

弗拉希提炼利马石油的工作进展缓慢，研究费用却持续地迅速增高，从几万美元增加到几十万美元。美孚公司的巨头们再次开会，讨论是否立即放弃利马石油，把准备投到那儿的资金抽往别处。亚吉波多以胜利者的姿态，幽默地对洛克菲勒说：看来他已经没必要喝光提炼出来的利马石油了。他为自己转让股票的行为而感到庆幸。

然而，洛克菲勒仍以微笑作答，对大家的提醒不置一词。

利马石油的价格，在两三年内一跌再跌。到1888年初，它已跌到每桶不到2美分，拥有利马油田股票的人纷纷抛出，并自叹倒霉。

弗拉希的工作没有中断，他常常通宵达旦地待在实验室里。研究工作其实已有了些眉目。当洛克菲勒询问他究竟有多大把握时，弗拉希谨慎地回答：至少有50%以上的把握。

于是，洛克菲勒不再说什么。他命令手下到交易所收购那些廉价抛售的利马石油股票，他要干就要干到底。事实证明洛克菲勒是正确的。一段时间以后弗拉希的研究成功了，他找到了一种完善地处理含硫量过高的利马油田的脱硫法，并因此获得专利，这种方法从此就被称为弗拉希脱硫法。

利马油田的股票价格迅速上涨，短短的时间就上涨将近10倍。洛克菲勒收进的那些股票又赚了一大笔。正是洛克菲勒的远见卓识使他赚了这笔钱。

寄语青少年

　　要在财富事业中冒险拼搏，就要有敏锐的心思，可以预知未来的情势，不要眼光短浅，只贪眼前的蝇头小利，那样的人永远只能跟在人们后边；也不要盲目前进，否则冒险很可能成为失败的开始。

🐻 自我训练

为远见卓识的目光做好训练

1．经常涉猎经济类报刊

远见卓识的前提是看清事物运动的规律，明白形式发展的规律，掌握了这些知识和道理自然就会看的比别人远。所以青少年要多阅读、涉猎、掌握一些经济方面的规律性知识，多看新闻、报纸，了解经济社会的发展状况。

2．选择自己感兴趣的领域做深入研究

每个人的精力都是有限的，青少年应该在自己精神状态、记忆力最好的年纪找到自己感兴趣的领域，并对此保持长久的兴趣。之后，不论通过自学、请教老师等方式，作出不断深入的了解和研究。世界上许多道理都是相互贯通的，长久浸淫的人必然会有比别人更多更好的认识和见解。

正视冒险的正面意义

> 由贫穷走向富裕需要的是把握机会，而机会是平等地铺在人们面前的一条通道。
>
> ——麦南德

"热爱世界的冒险家"，这是世界著名服装设计师皮尔·卡丹最欣赏的自称。正是由于皮尔·卡丹对原先的传统服装经营方式进行了开拓性的改革，时装才得以普及到最广大的消费者。

而皮尔·卡丹对马克西姆餐厅的经营策略更是体现了这位现代企业家和

服装设计大师在关键时刻的决策能力和才干。马克西姆餐厅创办于1893年，是法国较高档的著名餐厅。但是，发展到20世纪70年代，经营却越来越不景气，到1977年，已濒临倒闭的边缘。

当时的皮尔·卡丹已是著名的时装大王，但他却把目光转向了马克西姆餐厅。买下这个餐厅——这就是皮尔·卡丹的决定。

朋友都以为皮尔·卡丹在开玩笑，纷纷劝阻他："这个餐厅本来就不景气，而且要买下来耗资巨大，等于自己给自己拖一个包袱。"

还有人对他说："不要让自己走向破产，头脑要冷静一点。"

但是，皮尔·卡丹却有自己独到的见解：马克西姆餐厅虽然目前不景气，但历史悠久，牌子老，有优势。它经营状况不佳的主要原因在于档次太高，而且单一，市场也局限在国内，只要从这几方面加以改进，肯定可以收到成效。

而且，趁其不景气的时候收买，才能以低价买进，你想要在它生意红火的时候购买那是不可能的事情。生意要看怎么做，成功的机会有很多，但能抓住机会的人不多，正因如此，成功的人不多。要想与众不同，关键时刻必须有自己的见解，要敢于冒险！

皮尔·卡丹说："我是一个履行诺言的实干家，我喜欢说到做到，使自己的想法变成现实。"

1981年，皮尔·卡丹终于以巨款买下了马克西姆这一巨大产业。经营伊始，他立即着手改革。首先，增设档次，在单一的高档菜的基础上再增加中档和一般的菜点；其次，扩大经营范围，除菜点外，兼营鲜花、水果和高档调味品；另外，皮尔·卡丹还在世界各地设立马克西姆餐厅分店，取得了良好的经济效益。

可以说，早在看到风险之前，皮尔·卡丹已经看到了它赚钱的前景和方法，所以他的冒险收购才成为一笔赚钱的买卖。

有人认为，成功的主要因素便是冒险，做人必须学会正视冒险的正面意义，并把它视为致富的重要心理条件。不过，要强调的一点就是，冒险不等于莽撞，要学习皮尔·卡丹冒险前的商业眼光，看准了再下手。

自我训练

测试你的财智有多少

由于生活太乏味，你突然想去海边散心，到了海边，你悠然地在海滩散步，你觉得自己会见到什么东西？

A. 带刺的海胆

B. 奇怪的海星

C. 弯弯曲曲的章鱼

D. 一只小海龟

分析结果：

选A：你的财商水平不高，因此需要加强投资理财方面知识的学习。

选B：你的财商水平很高，是个理财高手。

选C：你的财商水平一般，在日常生活中你可以做到量入为出，但是如果想使自己的生活更加富足的话还是要拓宽自己的投资理财渠道。

选D：你是天生的富翁，发财只是时间早晚的问题。

第二章
聪明人借助别人之力获得财富

 **财商训练营**

做善于借力的青少年

比尔·盖茨的名字几乎无人不知，他在世人心目中的地位与形象已经根深蒂固，他成了财富与智慧的象征，而且这也是他当之无愧的。

那么如何从别人那里借力来帮助自己呢？

1. 从亲人、朋友中寻找借力的资源

当我们要做一件事情的时候发现资源匮乏，困难当头，这个时候除了自己要多思考多努力外，还要善于向亲朋好友请求支援，讲清楚自己的需求和困境，好让他们启动能力帮助你。所谓众人拾柴火焰高，你的人脉和想法是有限的，一旦有更多的人想办法、帮助你，问题就好解决了。

2. 利用合作伙伴的人脉资源

跟你一起从事某项工作的人也是重要的力量资源。如果你的朋友有许多专业领域的人才那最好了，一定要动用起来，为自己事业的发展提供前进的动力和方便。即使没有那么专业领域的朋友也一定有其他的朋友。听取他们的意见就变得十分重要。对你的朋友的朋友保持友好的态度，主动邀请他们加入讨论是必须做到的。

3. 利用网络结交范围更广的朋友

现代社会网络如此发达，你可以轻而易举地通过网络结交到志同道合的外地朋友。向他们表示你的广结良友的意愿，保持朋友情谊上的联系，进行适度的信件、观点、物品来往，为他们给自己在关键时刻帮忙做好铺垫。除了功利性的目的之外，或许你还可以发展出令人难忘的友谊。

4. 寻找利益相同的人

跟自己利益相同的人很容易因为相同的目的而结合在一起，为共同目

标努力。把你的想法告诉更多的人，可以通过网络、朋友的传播等方式进行。有了帮手的人必然比势单力孤的人多了一些胜算。

5. 不要忽视陌生人的帮忙

或许我们会对陌生人产生一点一开始的隔膜，但是一定不要把所有人都当作陌生人来看，因为说不准什么时候他就成为你朋友了。对陌生人保持友好，主动向他们请求建议和帮助，有时候也会有意想不到的收获。

6. 让更优秀的人为自己工作

你所从事的事业或许需要更加专业的人士的加入，爱惜人才，用最好的姿态和条件来拉拢他们，因为他们是你成功的保证。

7. 借助更多的场合来制造财富机会

作为青少年，我们自己还应该利用更广阔的思维来了解借势的方法。实际上合适的大型活动、朋友的聚会、甚至别人的生日都可能成为自己思考过后的好机遇。因为所有的聚会都要花钱、用人。

奋斗只是成功的一种因素，用人脉搭建你成功的基石，这样的话，成功才不会是空中楼阁，更不会是昙花一现。比尔·盖茨的辉煌我们也能拥有。

把陌生人变成朋友

世界已经为你准备好了一切资源，关键看你会不会"借"过来为己所用。

——财富箴言

维克多从父亲的手中接过了一家食品店，这是一家古老的食品店，它有着悠久的历史，它在很早以前就存在而且已出名了。维克多希望它在自己的手中能够发展得更加壮大。

一天晚上，维克多在店里收拾，第二天他将和妻子一起去度假。他准备早早地关上店门，以便为度假做准备。突然，他看到店门外站着一个面黄肌瘦、衣衫褴褛的年轻人。

维克多是个热心肠的人，看到褴褛的路人动了恻隐之心。他走了出去，对那个年轻人说："小伙子，有什么需要帮忙的吗？"

年轻人略带腼腆地问道："这里是维克多食品店吗？"他说话时带着浓重的墨西哥味。

"是的。"

年轻人更加腼腆了，低着头，小声地说道："我是从墨西哥来找工作的，可是整整两个月了，我仍然没有找到一份合适的工作。我父亲年轻时也来过美国，他告诉我他在你的店里买过东西，就是这顶帽子。"

维克多看见小伙子的头上果然戴着一顶十分破旧的帽子，那个被污渍弄得模模糊糊的"V"字形符号正是他店里的标记。

"我现在没有钱回家了，也好久没有吃过一顿饱餐了。我想……"年轻人继续说道。

维克多知道了眼前站着的人只不过是多年前一个顾客的儿子。但是，他觉得应该帮助这个小伙子。于是，他把小伙子请进了店内，好好地让他饱餐了一顿，并且还给了他一笔路费，让他回国。这位年轻人内心充满了感激之情，深深向维克多鞠躬致谢。

　　不久，维克多便将此事淡忘了。过了十几年，维克多的食品店生意越来越兴旺，在美国开了许多家分店。生意前景大好的他决定向海外扩展。可是由于他在海外没有根基，要想从头发展也是很困难的。为此，维克多一直犹豫不决。

　　正在这时，他突然收到一封从墨西哥寄来的一封陌生人的信，原来正是多年前他曾经帮过的那个流浪青年。

　　此时，那个年轻人已经成了墨西哥一家大公司的总经理，他在信中邀请维克多来墨西哥发展，与他共创事业。这对于维克多来说真是喜出望外。有了那位年轻人的帮助，维克多很快在墨西哥建立他的连锁店，而且发展得异常迅速。

　　那位年轻人说，像维克多这样的好人应该得到别人的帮助。

寄语青少年

　　朋友的可贵之处在于，他总在你最需要帮助的时候出现，救你于水火。中国有句俗语说："患难见真情。"就是这个道理。广结人缘就是多开致富的门路，为自己将来的发展开拓财源的空间。

自我训练

注意社交中的几个问题

1．别让第一印象毁了你

给别人的第一印象首先要从着装算起。整洁的外表总会给别人带去好感。你还要学会向别人微笑，礼貌的微笑可以让对方对你保持最起码的好感。

2．别让小事毁了你

许多细节问题在社交中要注意。打招呼其实算社交中的一件小事，但是，你在做的时候是否主动和诚恳是十分重要的细节。因为你打招呼的邻居、朋友、陌生人很有可能因此对你产生好感或恶感，而他们又很有可能成为财富道路上的帮手或阻碍。

爱财更爱才

　　景气或者不景气是相对的，对有眼光的人来说，赚钱的机会和赚钱的人永远存在。

——西方民谚

　　在美国，资产雄厚的约翰逊，他已拥有了一批如旅馆、实验机构、自动洗衣店、电影院等不同类型的企业，但仍然热衷于兼并其他企业。

　　约翰逊决心跻身于杂志出版界，并计划发展一套在美国有影响的杂志丛刊，但他自己对杂志业务一点也不熟悉，这就需要物色一个懂行的人才帮助他打理这项工作。但这种人才到什么地方才能寻觅得到呢？这使他一时感到很苦恼。

　　不久，经朋友介绍，他认识了一位名叫罗宾逊的杂志发行人。

　　罗宾逊多年以来，一直在编辑、发行一份挺不错的杂志，其内容涉及某项日趋发展的领域，但这份杂志未能得到畅销。

　　尽管杂志销量不大，但罗宾逊的知识很全面，在专业出版界里，他是公认的优秀人才，办这份杂志，他自己承担了大部分的工作，加上成本低廉，所以，他的日子还算过得比较宽裕。

　　这样，一些大的出版商曾多次找过罗宾逊，想把罗宾逊和他的杂志拉过去，但谁都没有达到目的。

约翰逊了解到这些情况之后，认为罗宾逊确实是自己所需要的人才，他接连两次找上罗宾逊的家门，但仍然碰了钉子。

但约翰逊是一个不达目的不善罢甘休的人。他决意要获得罗宾逊的这份杂志，还要以罗宾逊为核心，办起一套更具影响的专业丛刊。尽管在罗宾逊面前碰了两次钉子，他认为自己对罗宾逊的心路还不明，对他缺乏必要的了解所至。他认为，一个实业家物色自己需要的人才，就要用超乎寻常的耐心去等待、去争取。

约翰逊通过对罗宾逊认真观察与了解，这才知道他是一个恃才傲物的人。罗宾逊最瞧不起那些大出版商，他称那些大出版商为制造低级杂物的"工厂"。

此外，约翰逊还了解到，罗宾逊还对独立经营者所具有的那种高度冒险的乐趣，已渐渐失去对他的吸引力。而且，罗宾逊不相信局外人，尤其是那些与他的创造性领域不相干的"生意人"，特别是那些毫无创造性目的的出版商。

约翰逊掌握了这些情况以后，他第三次找到了罗宾逊谈话。一开始，约翰逊就坦率地承认，他对办杂志、出版业务不熟悉，但他需要一个行家里手主持开辟专业出版的新领域，并指出罗宾逊正是这样的一位杰出人才。

接着，约翰逊掏出一张25万美元的支票，说："自然，在股票和长期利益方面，我们还会赚到更多的钱。但是，我觉得，任何一项协议，就像我希望和你达成的这项协议，都应当有直接的、看得见的好处。"然后，约翰逊停顿了片刻，用期待的目光盯着罗宾逊。接着，用强调的口气，向罗宾逊介绍了他的一些同事，特别是他的业务经理，指出这些人完全听从罗宾逊的调遣，并承诺罗宾逊所希望摆脱一切杂务。

罗宾逊听完这些，他固执的脑子终于开始松动。于是，他们之间进一步商谈。罗宾逊坚持做一笔直接的、干净的现款结算交易，不接受带有附加条件的上级公司股票，但约翰逊强调长期保障。

他指出，上级公司的股票正在增值，而且股票的利息与他紧密相关。约翰逊还进一步指出，他需要罗宾逊这样充沛的创造力，不能让别的工作或别的任何事情削弱他的这种创造力。这不仅是为了他自己公司的需要，更是让罗宾逊充分发挥才华的需要。

罗宾逊最后终于同意了把自己的杂志转让给约翰逊，为期5年，他自己并在此期限内为约翰逊服务。他得到的现款支付为4万美元，其余部分则为5年内不能转让的股票。

这样，罗宾逊满足了自己主要的条件，他将可以摆脱那些乏味的工作，他可以全身心地投入他的创造工作，他有了足够的资金，他也摆脱了苦恼。

约翰逊却得到了另一种值钱的资产——一个难得的人才，而付出的代价还在他愿意付出的数额之内，这真是两全其美。

寄语青少年

在某种程度上，人才比财富更重要，拥有第一流的人才，是实现财富扩张的先决条件。胸怀韬略的投资者本着"以人为本"的理念，在财富之路上走得很远；相比之下，目光短视的人，只在乎眼前的一点收益，事实所达到的地方也仅在眼光所及之处。

自我训练

为了得到更融洽的人际关系，可存入感情账户的"存款"

1. 理解别人

理解是一切情感的基础，只有主动去理解并体谅他人，不要总是以己之心，度人之腹，设身处地为他人着想，才能换来他人的理解和回应。

2. 注意小节

每个人的内心都无比脆弱。所以，任何人都应该注意到那些看似无关紧要的细节，或许影响人际关系的最重要因素正是这些小事。

3. 信守承诺

不要失信于人，守信能带来巨大的收入，而失信却好像庞大的支出。如果不想入不敷出，就要重视自己对他人的任意一个许诺。倘若在应允之前觉得难以实现，就不要轻易许诺。

4. 阐明期望

在人际沟通中，坦诚也是非常重要的一点。我们不能指望他人能理解自己的一切心思，因为不是所有人之间都有天然的默契。

5. 勇于道歉

越是想要和他人维持长久的关系，越需要不断地储蓄，所以收敛起自己的锋芒吧，那些像硬刺一样的个性并不能为你的未来开路，而这些日积月累的温和的品质，却能够扫清成功路上的重重障碍。

虚张声势的本事

从正面扩大你的财富，即使现在没有也要描绘好想象的图景。

——犹太名言

美国豆芽大王鲁几诺·普洛奇在发迹之前，听说中国的豆芽很赚钱，尽管他只知生产的简单过程，但他还是找了一个合伙人皮沙，租用一间店面改成人工豆芽场，加上好几排水槽，就开始干了。他的合伙人皮沙说，他甚至还从来没见过一粒毛豆。但普洛奇鼓励他说："孵豆芽我见过很多次，我知道整个过程，很简单。"

普洛奇请来了几个日本人当顾问，从墨西哥购进大量的毛豆，还请人在杂志上写了些并不见得有趣的"毛豆历史"的文章，并大量散发豆芽食谱。接着跟几个食品包装商人接洽，将生产的豆芽卖给食品包装公司，还直接卖给餐馆或其他的批发商。普洛奇的豆芽生产一开张便开始赚钱。

很快，普洛奇又冒出一个念头：如果跟人签约，让他们把豆芽装成罐头，不是可以赚更多的钱吗！他打电话给威斯康星州的一个食品包装公司，得到答复，他们同意把豆芽制成罐头。

当时正值第二次世界大战期间，所有金属都优先用于军事，老百姓只有极有限的配给。普洛奇冒昧地跑到华盛顿，一直冲到军需生产部门。他虚张声势，用了一个气派非凡的名称介绍自己，这是他和皮沙为他们的公司取的名字："豆芽生产工会"。这在华府官员听来，这个名字倒像是什么农人工会，而不是一个只有两个人的公司。

于是，军需生产部门便让这位推销天才带走了好几百万个稍微有些毛病但仍可使用的罐头盒。

当普洛奇的生意继续发展下去之后，他和皮沙买下了一家老罐头工厂，开始自行装罐。他将豆芽加上芹菜和其他蔬菜，做成一道美国人喜欢吃的中国"杂碎"菜。

普洛奇继续发挥他"虚张声势"的才能，将罐头外面贴上"芙蓉"标签。普洛奇又故意将罐头"压扁"，让美国人觉得这些罐头来自遥远的中国，销路也就出奇的好，简直有供不应求之势。

以后，普洛奇一面扩大生产，一面将他们的公司改名叫"重庆"，并以"食品联会"的名义，举办大型的全国联销市场推销"重庆"生产的食品，给人造成"重庆"是一家规模宏大、资本雄厚的公司印象。就这样，普洛奇靠"虚张声势"建立企业形象，很快赚进一亿美元。

寄语青少年

只要你我准"借"点，巧妙发挥，就能走上致富之路。普洛奇一路走来，一直没有停止过他的拿手好戏：虚张声势。漂亮的手段为他赢得了一场场漂亮的商战。

自我训练

如何借树开花

1. 借用流行因素

把自己的生意或者发财机会放在一个目前比较流行的因素上。比如借助网络的热点话题、流行语句来推销自己。大家都乐意看到热点的东西，借着这个阵势把你要推销的理念、产品展现出来，往往会有许多客户喜欢这样的氛围。

2. 借浩大声势的活动为背景

可以把你的创意、想法、财路和国际、国内比较浩大的活动、工程、趋势相结合，哪怕是沾边都可以。比如把销售围巾的生意和国际比较流行的快闪活动相结合，吸引喜欢快闪活动的人的关注。

把借的钱当资本

> 所谓资本，是指为得到更多的财富而提供的部分财产。

——马歇尔

希尔顿年轻的时候特别想发财，可是一直没有机会。一天，他正在街上转悠，突然发现整个繁华的优林斯商业区居然只有一个饭店。他就想：我如果在这里建设一座高档次的旅店，生意准会兴隆。于是，他认真研究了一番，觉得位于达拉斯商业区大街拐角地段的一块土地最适合做旅店用地。

　　他调查清楚了这块土地的所有者是一个叫老德米克的房地产商人之后，就去找他。老德米克也开了个价，如果想买这块地皮就要希尔顿掏30万美元。希尔顿不置可否，却请来了建筑设计师和房地产评估师给"他"的旅馆进行测算。其实，这不过是希尔顿假想的一个旅馆，他问按他设想的那个旅店需要多少钱，建筑师告诉他起码需要100万美元。

　　希尔顿只有5000美元，但是他成功地用这些钱买下了一个旅馆，并不停地升值，不久他就有了50000美元，然后找到了一个朋友，请他一起出资，两人凑了10万美元，开始建设这个旅馆。当然这点钱还不够购买地皮的，离他设想的那个旅馆还相差很远。许多人觉得希尔顿这个想法是痴人说梦。

　　希尔顿再次找到老德米克签订了买卖土地的协议，土地出让费为30万美元。然而就在老德米克等着希尔顿如期付款的时候，希尔顿却对土地所有者老德米克说："我想买你的土地，是想建造一座大型旅店，而我的钱只够建造一般的旅馆，所以我现在不想买你的地，只想租借你的地。"

　　老德米克有点发火，不愿意和希尔顿合作了。

　　希尔顿非常认真地说："如果我可以只租借你的土地的话，我的租期为90年，分期付款，每年的租金为3万美元，你可以保留土地所有权，如果我不能按期付款，那么就请你收回你的土地和在这块土地上我建造的饭店。"

　　老德米克一听，转怒为喜，"世界上还有这样的好事，30万美元的土地出让费没有了，却换来270万美元的未来收益和自己土地的所有权，还有可能包括土地上的饭店。"

　　于是，这笔交易就谈成了，希尔顿第一年只需支付给老德米克2万美元就可以，而不用一次性支付昂贵的30万美元。就是说，希尔顿只用了3万美元就拿到了应该用30万美元才能拿到的土地使用权。这样希尔顿省下了27万美元，但是这与建造旅店需要的100万美元相比，差距还是很大。

　　于是，希尔顿又找到老德米克，"我想以土地作为抵押去贷款，希望你能同意。"老德米克非常生气，可是又没有办法。就这样，希尔顿拥有了土地使用权，于是从银行顺利地获得了30万美元贷款，加上他已经支付给老德米克的3万美元后剩下的7万美元，他就有了37万美元。

可是这笔资金离100万美元还是相差得很远，于是他又找到一个土地开发商，请求他一起开发这个旅馆，这个开发商给了他20万美元，这样他的资金就达到了57万美元。

1924年5月，希尔顿旅店在资金缺口已不太大的情况下开工了。但是当旅店建设了一半的时候，他的57万美元已经全部用光了，希尔顿又陷入了困境。

这时，他还是来找老德米克，如实细说了资金上的困难，希望老德米克能出资，把建了一半的建筑物继续完成。他说："如果旅店一完工，你就可以拥有这个旅店，不过您应该租赁给我经营，我每年付给您的租金最低不少于10万美元。"

这个时候，老德米克已经被套牢了，如果他不答应，不但希尔顿的钱收不回来，自己的钱也一分回不来了，他只好同意。

而且最重要的是自己并不吃亏——建希尔顿饭店，不但饭店是自己的，连土地也是自己的，每年还可以拿到丰厚的租金收入，于是他同意出资继续完成剩下的工程。

1925年8月4日，以希尔顿名字命名的"希尔顿旅店"建成开业，他的人生开始步入辉煌时期。

寄语青少年

任何人的富有都不是天生的，亿万富翁们起初也只是贫穷者。但他们善于借用资源，借钱生钱，最终走向富裕，是他们共有的特征之一。

向别人借钱的几种方法

1. 表达出自己的诚挚之心

可以通过携带小礼物的方式让对方觉得自己诚信十足，并主动要求与对方写下借据，写清楚还款日期。

2．返利的承诺

如果是生意上的事情，那么可以通过让对方在事后获得一定分红为诱惑，因为没有谁愿意把钱投入到没有回报的生意中。

3. 展示自己的诚信借贷历史

如果你有过借贷的经验，那最好在下次借贷的时候拿出这些经历，按期还款，不错的返利，日后优惠活动等，这些可能为你的借贷之路产生良好的影响。

抓住特殊的日子

广告可被视为一种长久蒙蔽人类智慧以期从中赚钱的技巧。

——斯蒂芬·L

雅克是美籍犹太人，做面包的手艺非常高超，他发财的希望就寄托在这门手艺上。他先后在几个城市发展，结果都不太理想，于是，他决定到旧金山碰碰运气，然而他的面包仍然销售平平，生意冷清。

在算账的时候，雅克发现，一年中的大部分生意是在圣诞节期间做的。

与其每天在这里浪耗时间，为什么不只做圣诞节生意呢？于是，一个奇特的想法在他的脑海里形成了，即利用特殊节日来挣钱。

圣诞节是美国最隆重的节日之一，持续时间较长，生意成交额大，是文化与商贸活动结合的大节。雅克粗略计算了一下，如果这段时间蛋糕生意做得好，会超过4个月的全部经营额。雅克更加坚定了自己的想法。

之后，每到圣诞节，雅克就准备好多姿多彩的小蜡烛、电动彩灯、卷心菜娃娃，又大量购置火鸡、烤肉、灌肠，制作出配有火鸡肉、热狗之类的节日蛋糕。由于是专门为圣诞节制作的蛋糕，购买的人特别多。而卷心菜娃娃、小蜡烛则是镶在另一种点心盒上，配有"圣诞快乐"的字样。这种点心盒为儿童们所喜爱，每逢节日到来，销售量激增，许多家庭都用这种点心盒作为圣诞礼物送给孩子。

当圣诞节一过，雅克的点心店也关门歇息。雅克认为好东西如果经常出现在眼前，就会变得很平常。只有适时出现，才能获得意料之外的收益。

当然，其他特殊节日如父亲节、情人节等雅克也会推出一些产品。每到节日来临，雅克就全身披挂，亲自督阵制作节日糕点。顾客也似乎熟知他的脾气，早早就给他下了订单，来晚了的只好排队购买。

几年后，雅克成了自己的奇妙构想的受益者。他把一年的大部分时间用在休闲上，轻轻松松地实现了自己的发财梦，迈进了富豪行列。

寄语青少年

凭借对人们消费心理和消费习惯的了解，活学活用，借助天时地利人和的机遇将生意题时随地开启，这样的借力思维才是更加发散、更加有效的。并非只有人可以带来商机，与人相关的节日、习惯、趋势更能带来广阔经济潜力。

自我训练

如何规划节日的收入

过去的许多年里面，你一定在春节、生日等节日里收到大人给你的许多零花钱。但是如何使用这些钱你想过吗？这里有几个建议。

1. 把钱变成知识

所谓书中自有黄金屋，多看书积累智慧才是日后赚取更多财富的基础，才会把今天得到的钱放大许多倍。

2. 储蓄

从小钱开始理财，积累经验，等到自己有更多的自由支配的钱之后才不会肆意乱花，能够让这些钱给自己或者家人做出更多的贡献。

3. 献爱心

你所献出的并不是仅仅是钱，更多的是培养自己奉献爱心的习惯，因为谁都可能成为社会上的弱者，这也是在为自己日后的可能性弱者处境投资。

让生意和名人沾边

> 直接为了赚钱而赚钱，和由于创造了成功的事业自然地得到了金钱，其间有层次与境界高下之不同。
>
> ——罗兰

马尔科姆·福布斯在和好莱坞巨星伊丽莎白·泰勒认识之前，已经是杂志出版界响当当的人物，而他那些乘热气球、骑摩托车，收藏法比杰金蛋、玩具士兵、总统文件等怪异行为，又为他增添了不少名气。不过，纵然如此，他的知名度和超级巨星比较起来，还有一段差距。

因为，再怎么有名的杂志大亨，圈外人知道的也不多。这就像棒球英雄一样，对不看棒球的人来说，棒球英雄在他面前也只是无名小卒。

到底怎样才能提高知名度呢？那就是利用名人的关系，借用名人的名声。伊丽莎白·泰勒曾两次荣获奥斯卡提名奖，因担任《埃及艳后》女主角而被世人尊称为"埃及艳后"，她本人也被称为"好莱坞的常青树"。

马尔科姆与伊丽莎白·泰勒凑在一起是缘于一次商业合作。泰勒为了推销新上市的"热情"香水，想找一个名声响而品位高雅的百万富翁帮忙。马尔科姆似乎很符合这个标准，马尔科姆本人对此似乎也乐此不疲。

这对马尔科姆来讲简直是天上掉下来的一个扩大知名度的绝佳机会。"做这个国际巨星的护花使者，就如同往银行里存钱一样。"马尔科姆说。

马尔科姆为自己大出风头的时机即将到来而兴奋不已。虽然在场的镁光灯全都对准泰勒，但只要和泰勒站在一起，还愁不成为全世界瞩目的焦点吗？从此，马尔科姆便和泰勒搅在一起，马尔科姆也从此抓住伊丽莎白·泰勒不放。

"我做什么都是享受人生，扩展事业。"马尔科姆表示他与泰勒出双入对可以达到目的。虽然马尔科姆经常表示他和泰勒无意结婚，但同时也经常作出一些小动作，让外界保持对他们的浪漫幻想。

还有一次，《新闻周刊》的记者采访马尔科姆，提到有传言他向泰勒求婚。马尔科姆笑着回答说那只是空穴来风，不过他并没有否认他们之间的罗曼史。

很多从不涉足商界的人因为伊丽莎白·泰勒而知道了马尔科姆·福布斯。马尔科姆的名声像滚雪球一样越滚越大。

马尔科姆为伊丽莎白·泰勒和她所致力的艾滋病防治运动投入了不少时间和金钱，在他70岁寿诞时，他连本带利地回收了。

1987年，马尔科姆为庆祝70岁大寿在摩洛哥皇宫举办了一场晚宴。这次宴会总共有800多名工商巨子和政客显贵参加，包括记者在内的来客，所有的交通费用都由《福布斯》承担。

出席宴会的名人大致可分为两种：一种是家喻户晓的明星级人物，如巴巴拉·华特丝、亨利·基辛格以及来自石油世家的哥登·盖堤、英国出版王国的麦克斯韦尔等；另一种贵宾则是《福布斯》的衣食父母，包括美国信托公司的丹尼尔、20世纪福斯特公司的巴端·泰勒、国际纸业的乔吉斯、丰田公司的东乡原、福特公司的哈洛·波林、通用公司的罗杰·史密斯等。

这些世界上响当当的大人物，可以说是马尔科姆最宝贵的收藏品。他们的出现，不断为马尔科姆带来名望和利润。

寄语青少年

真正善于经商的人，总是能够利用所有的机会让自己获得收益。自己缺乏什么，就要想办法把自己和所缺乏的联系起来。借助名人的力量，让他们的名声为自己开创更多的机会。前期你投入的金钱和时间或许看似跟生意没有关系，但要清楚，机会才是生意的出路。

自我训练

如何借助别人的名气

最简单的办法就是让名人和自己生意发生最直接、简单的关系。如果你销售的是丝袜、眼镜等用品，你完全可以采取"哗众取宠"的方法。给大人物写信、把大人物和自己的产品放在同一张图里，添加趣味性的调侃，这些都可以让你的产品便于使人印象深刻，这样消费者就容易把消费注意力放到你那里。

助人者，人恒助之

那些不肯弯下腰扶别人一把的人，当他们跌倒时，也没有人会愿意扶他一把。

——西方民谚

一个冬天的夜晚，天上飘着雪花，北风呼啸，非常寒冷。这时候，路边一间简陋的旅店迎来一对老年夫妇，他们步履蹒跚，眼看着是旅途劳顿、疲惫不堪了。但不幸的是，这家小旅店早就客满了。

"这已是我们寻找的第13家旅店了，这鬼天气，到处客满，我们怎么办呢？"这对老夫妻望着店外阴冷的夜晚发愁。

看着这两位客人，店里的一位小伙计忍不下心，他建议说："如果你们不嫌弃的话，今晚就住在我的床铺上吧，打烊时我在店堂打个地铺。"

第二天，老年夫妇要照住店价格付给小伙计客房费，小伙计说什么也不肯，坚决拒绝了。他说："那是我的铺位，不是旅馆在售的床位，再说一晚上而已，不必在意。"二人听了小伙子的回绝十分感动。

临走时，老年夫妇开玩笑似的说："你虽然是个经营旅店的，但你真适合当一家五星级酒店的总经理。"

"真是那样，该多好啊！起码收入多些，可以养活我那年迈的老母亲。"小伙计随口应和，哈哈一笑，接着便跟老夫妇告别了，接着自己经营小旅店的生活。

让人不曾想到的是两年后的一天，小伙计收到一封寄自温哥华的来信，信中夹有一张来回温哥华的双程机票，信中邀请他去拜访当年那对睡他床铺的老夫妻。小伙子不敢相信自己当初的好心经过两年的时间他们还记得。

小伙计来到繁华的大都市温哥华，老年夫妻把小伙计引到第五大街的拐角处，指着那儿的一幢摩天大楼说："这是一座专门为你兴建的五星级宾馆，现在我们正式邀请你来当总经理。"

小伙子马上向老夫妇二人表示自己不能胜任，自己当初的好心绝对不想从中渔利。但老夫妇表示：我们并非仅仅是以物易物的感恩，同时这也是我们互相的合作，我们借助你的经营才能做好饭店，你也可借由这个平台发挥自己更大的价值。

就这样，年轻的小伙计因为一次举手之劳的助人行为，美梦成真。这就是著名的哥根大饭店经理乔治·哈特和他的恩人威廉先生一家的真实故事。

寄语青少年

俗话说："爱人者，人恒爱之！"你帮助别人，他可能不会马上报答你，但他会记住你对他的帮助，也许会在你遇到困难时给你回报。有时候我们不小心就会借助自己的爱心——感恩之人的帮助实现了自己的梦想。

自我训练

帮助别人的注意事项

1. 帮助别人要适可而止

经济社会里面人人都是自利的，这是生存法规无可厚非。所以只要帮助对方渡过难关，剩下的路就应该留给对方自己走，不要滥用自己的好心。

2. 帮人不要半途而废

在适可而止的原则基础上，帮助别人让遇到困难不要半途而废，因为那样的话，你之前付出的努力都等于白费，没有达到帮助别人的目的。

第三章
树立投资意识，从小学会让钱生钱

财商训练营

做懂得投资的青少年

投资是一门智慧。从概念上讲，投资是指投入当前资金或其他资源以期望在未来获得收益的行为。由此可见，投资是一个过程，随着其时间的长短承担着不同的风险与利润。

投资可以创造财富。通货膨胀时期，人们手中的钱即使是存在银行也会贬值，不合理的消费习惯让生活更容易陷入窘境。投资并不遥远，在这样一个钱生钱的社会里，财富就潜藏在身边，因此，对于投资知识的了解与掌握则是十分之必要的。

那么，对于青少年来说，投资时应该注意的方面有哪些呢？

1. 准确定位目标，做到有备而战

明确的定位是获得成功的基本前提。面对新的领域，青少年要进行充分的审思，切不可贸然介入。毕竟，"旧时王谢堂前燕，飞入寻常百姓家"的举动，是需要更为充足的条件与铺垫的。青少年可以了解更多关于投资的知识，了解国家相关政策等。只有先准备好战衣、战袍和武器，才能保证自己在投资的战场上无往不胜。

2. 关注相关信息动态，从身边看起

信息是事物的核心，是成功的钥匙，你掌握的信息越多，知道得越细，你就越会有取胜的把握。青少年可以从身边朋友、竞争对手，报纸、杂志、广播电视等获取很多信息。锻炼青少年的信息敏感度，就是要求他们对已得到的信息多思考、多联系、善挖掘，从而寻找对自己有用的内容。否则，大量的信息只会从身边流过。

3. 准确了解自己的个性，投资切忌冲动

古语讲"知彼知己，百战不殆"，因此青少年需要了解自己的性格，容易冲动或情绪化倾向严重的人并不适合于投资，冲动的人非常依赖于乐观的猜测或悲观的预感，影响个人判断力。青少年多看些心理素质的书籍，也可以通过参加活动来锻炼自己的心理承受能力。

4. 投资不是"投机"，勤勉才能出结果

很多青少年会以为投资就是投机取巧的事情，"一本万利""一夜暴富"这样的形容词常常被放在投资者的头上。但是，投资并不是"投机"，坚持和毅力是非常必要的。青少年在日常学习生活中，认真踏实地走好每一步，锻炼勤奋好学的品质。

5. 杜绝固执己见，多听听别人的建议

一个人的智慧总是有限的。青少年除了要善于学习，勤于思考之外，懂得倾听和吸收同学、老师或家长的意见十分有必要。在面对如此纷繁复杂的投资市场以及花样繁多的投资信息时，青少年要学会根据自己的实际状况出发，进行综合考量，不能一味地钻牛角尖。

6. 经常给自己泼凉水，行动之前懂得思考

犹太人曾说："该忙的时候一定要忙，但你必须要有闲下来的时间进行思考。"对于青少年来说，思考绝对是不可以忽视的一个重要环节。在学习生活忙碌之余，也千万别忘记要挤出一定的时间用来思考。青少年心智上还不够健全，容易脑子发热。这就要求青少年做任何事情都不可以想当然，不能让脑子一团浆糊。做到在每一次行动之前都要思考。

7. 多看一些投资理财的书籍

投资对于青少年来说是一个相对陌生的领域，这就要求青少年多读些关于投资理财的书籍，如《投资炼金术》《富爸爸投资指南》等书籍，补充自己缺乏的知识储备。在这些书里，能帮助青少年正确全面地认识投资知识，从而使得他们做出正确的价值判断，开拓自己的视野。

画地为牢永远不可能给你带来惊喜

最昂贵的钻石总是藏在不易被发现的地方。

——财富格言

弗农出生于德国的一个普通家庭。当1951年弗农开始在餐桌上组建邮订购物公司时，她还是一个23岁怀孕的家庭主妇，试图为增添人口的家庭赚取额外的收入。他的丈夫保守地观望着，称这次行动具有创造性，但是或许不适合她一个女人来做。但是他的妻子却说："如果我们家还做着自己一亩三分地上的生意，那么永远也不会有更多的金钱进门。"

接着，这位一心赚钱的聪明女人用2000美元的嫁妆钱投资购买了一批钱夹和腰带，并花了495美元在《十七》杂志上登广告。周围的许多人都为弗农精明的头脑和令人钦佩的胆识而赞叹，当然，这次投资获得了期望中的成功。这次行动更加让弗农认识到不能固步自封的重要性。她的丈夫也开始支持她的工作。

有了上次成功的经验，弗农不断向别人未曾问津的新领域出击。她从自身出发，思考新领域的商机。她直觉地了解像她这样的妇女想买什么产品，正是这种"内脏"知识给她以内在信心追求自己的道路。她的策略她自己看得最明白，因此她能弃别人的想法于不顾。

弗农的创举是提供顾客需要的别致的产品。她的策略是传统竞争者不敢采取的：提供印有人名的、仅此一家的、没有大众市场的产品。尽管她从没听说过相应的概念，她却找到了极佳的市场定位。"踏上别人不敢问津之地"是大多数伟大企业家的共同呼声，弗农正是这样做的。

她利用了商品目录册行业巨大的弱点（无力提供小批量、小范围的产品），将之转变为自己的优势。她的基本策略也成为形成公司的保护性障碍，这种做法在形成之初极有可能让她破产。弗农的洞悉力使她一举成功。

接下来的生意做得更加顺利了。她开始把更多的资金投入到那些别人想不到、漏掉了的产业上，哪怕再小，也会经过投资和经营做成为人人喜欢、人人购买的知名品牌。

1987年莉莲·弗农公司发行股票，由此成为美国证券交易所中最大的一家由妇女创建的公司，使它在礼品目录册行业中独占鳌头。

不断向新领域冲击，实际上就是指投资方向和思维的多元化，然而多元化战略好像一个个性很鲜明的人，它的优势和缺憾都十分显著，所以，怎样趋利避害，将它的缺憾转化为优势就是每一个投资人要好好关心的问题。

自我训练

如何拓展多元思维

1. 观察

日常生活中多关注新闻、生活事件，从这些信息中找到人们感兴趣的焦点有哪些；观察自己感受到的日常生活消费品的变化和发展，切身了解自己的生活所需和市场供应的关系。

2. 思考

分析人们在热点、流行趋势上的爱好变化，经过长期地观察和分析尽可能预测下一季度或阶段的流行趋势，锻炼自己的预言准确度。

抓住生活赐予你的每一个投资机会

抓住生活赐予你的每一个机会，你就是智者。

——弗洛姆

洛克菲勒就非常擅长把握良好的投资机会，但是在投资方面，他有着自己独到的见解。"打先锋的赚不到钱。"洛克菲勒一贯坚持着这个信条和策略。

洛克菲勒做中间商时一直把这句话当座右铭。不久，洛克菲勒就用它打开了美孚石油的大门。沉默寡言的洛克菲勒好似一条精力无穷的猎豹。输往欧洲的食品和北军的军需品猛增，联邦政府狂印钞票，导致了恶性通货膨胀。

洛克菲勒同联邦政府和北军当局并未打过特别的交道，然而他却赚了不少钱，并不断购进货物。和弗拉格勒一道买进的盐，成了投机市场上的抢手货，盐的生意给他带来了财富，这时公司已发展为附带经营牧草、苜蓿种子的大公司了。善于把握投资的一个个良好时机，让洛克菲勒已独揽了公司的经营大权。

"我们赚了这么多钱，拿来投资原油吧，怎么样？"他跟克拉克商量道。

"想投资暴跌的泰塔斯维原油？你简直疯了，约翰。"克拉克不以为然。

"据说尹利镇到泰塔斯维计划修筑铁路，一旦完工，我们就能用铁路经过尹利运到克利夫兰……"

尽管洛克菲勒磨破了嘴皮，克拉克仍旧是无动于衷。

于是洛克菲勒开始单独行动，他拿出4000美元，和安德鲁斯一起发展炼油事业，成立了一家新公司，他独家包揽了石油的精炼和销售过程，这真是比"卡特尔"还要"卡特尔"的方式！1865年，洛克菲勒·安德鲁斯公司共缴纳税金3.18万美元。克利夫兰的大小炼油厂共有50多家，洛克菲勒·安德鲁斯公司规模最大，它仅雇用了37人，1865年销售总额却达120万美元之巨。

洛克菲勒用他的耐心去等待机会，当机会来临时，他又毫不犹豫地迅速抓住它，从而取得巨大的成功。

　　机会就在你面前。大多数人看不见这种机会，只是因为他们忙着寻找金钱和安定，所以，他们得到的也就有限。当你看到一个机会时，你就已经学会了发现机遇并且不断发现机遇的机会，这个时候你要做的就是勇敢地抓住机遇，创造财富。

自我训练

如何识别机会的面目

　　1. 仔细回忆、数出自己的财富梦想。当你做到这一点的时候你就离机会很近了。然后考虑这些目的之前是否有人达到过，他们是怎么做的？你目前和他们的情况有哪些不同？他们的共同点是什么？接下来的工作就是你像这梦想所要求的标准靠拢的过程了。

　　2. 找到梦想领路人。生活中你总会遇到比较敬仰的人，积极靠近他们，向他们学习生活、梦想的秘诀，他们会为你的梦想护航，在关键时刻指点迷津。

　　3. 如果有与梦想有关的赛事、机会、考试等相关事宜，都不要错过，它们都是你靠近梦想的阶梯，一定要抓住。

让金钱流动起来

> 没有河流汇入的湖泊终究要干涸；清波荡漾的深潭那是因为溪流的滋润。

——西方民谚

世界著名的新闻业人士普利策出生于匈牙利，17岁时到美国谋生。开始时，他在美国军队服役，退伍后开始探索创业路子。经过反复观察和考虑后，他决定从报业着手。

为了搞到资本，他靠运筹自行做工积累的资金赚钱。为了从实践中摸索经验，他到圣路易斯的一家报社，向该报社老板求一份记者工作。

开始老板对他不屑一顾，拒绝了他的请求。但经过普利策反复自我介绍和请求，老板勉强答应留下他当记者，但有个条件，半薪试用一年后再商定去留。

普利策为了实现自己的目标，忍受着老板的剥削，并全身心地投入到工作之中。他勤于采访，认真学习和了解报馆的各环节工作，晚间不断地学习写作及法律知识。他写的文章和报道不但生动、真实，而且法律性强，吸引了广大读者。

面对普利策创造的巨大利润，老板高兴地聘用他为正式工，第二年还提升他为编辑。普利策也开始有点积蓄。

通过几年的打工，普利策对报社的运营情况了如指掌。于是他用自己仅有的积蓄买下一间濒临倒闭的报社，开始创办自己的报纸——《圣路易斯邮报快讯报》。

普利策自办报纸后，资本严重不足，但他很快就渡过了难关。19世纪末，美国经济开始迅速发展，很多企业为了加强竞争，不惜投入巨资搞宣传广告。普利策盯着这个焦点，把自己的报纸办成以经济信息为主的报纸，加强广告部，承接多种多样的广告。

就这样，他利用客户预交的广告费使自己有资金正常出版发行报纸。他的报纸发行量越多广告也越多，他的资金进入良性循环。即使在最初几年，他每年的利润也超过15万美元。没过几年，他就成为美国报业的巨头。

普利策初时分文没有，靠打工挣的半薪，然后以节衣缩食省下极有限的钱，一刻不闲置地滚动起来，发挥更大作用，是一位做无本生意而成功的典型。这就是犹太人"有钱不置半年闲"的体现，是成功经商的诀窍。

寄语青少年

要想赚取金钱，收获财富，使钱生钱，就得学会让死钱变活钱。千万不可把钱闲置起来，当作古董一样收藏，而要让死钱变活，就得学会用积蓄去投资，使钱像羊群一样，不断地繁殖和增多。

自我训练

在洛阳，有三个商人都想要买一匹好马，这匹马的价钱是17两金子。可这三个商人中，谁都没有足够的金子来买这匹马。

于是商人甲对商人乙和商人丙说："把你们手中拥有的钱的二分之一借给我，我就能买这匹马了。"

商人乙却对商人丙和商人甲说："把你们手中钱的三分之一借给我，我就可以付钱买马了。"

最后商人丙对商人乙和商人甲说："把你们钱的四分之一借我，我也能买这匹马。"

你算出这三个商人各自带了多少金子吗？

分析结果：

商人甲带了5两金子，商人乙带了11两金子，商人丙有13两金子。

鸡蛋不要放在同一个篮子里

不要在一条嫩枝上挂两块招牌，更不要把鸡蛋放同一个篮子里。

——犹太格言

众所周知，传媒大亨默多克一直关注于文字传播，对于报纸、杂志情有独钟，但是从1980年开始，默多克就把注意力集中在了图像而不是文字上，因为他已经敏锐地感觉到自己过去的投资方向过于单一了。

1985年，他买下了威廉·福克斯的20世纪福克斯电影公司。当时公司附属的福克斯电视台还只是个名不见经传的小型独立电视台。所有的传媒牛人或风投商人都不曾向它投去哪怕微微的一瞥。

可一年以后，默多克就将它改造成结构合理的电视网，变成了一座可开采的宝藏。不久，他又购买了即将破产的英国天空电视台，用他的魔力使之起死回生。经过良好的战略经营，没多久默多克就建立了自己的覆盖欧美许多地区和市场的掘金电视网络。

默多克认为：在全球的信息社会中，世界范围的卫星电视将来会获得丰厚的利润，必要时他会很快地把报纸卖掉。比如，1993年，为了进军中国市场，默多克不顾资金紧张，囊中羞涩，果断地卖掉了《南华早报》，毅然买下了卫星电视网，同时发行了5000万新股。结果在股票上市八个月后，上涨的股市完全弥补了默多克的资金短缺。这件事非常清楚地表明了默多克把经营重点从报纸转向电视和电子媒体的决心。

2001年6月，为了适应香港政府关于有线电视特许权的新政策，他更是斥资把自己在香港有线电视有限公司的股份额从48%提高到100%。在随后发表的声明中他说："我们很高兴能成为全部所有者，这是一个重要的保证，它将保证我们在香港进一步大规模投资，要知道香港是我们经营的大本营之一。"

诚如其言，这三笔交易实际上构成了"默多克新闻帝国"的三大支柱。至今为止，全世界有2.5亿家庭在通过卫星收看默多克帝国传送的节目。

据统计，在投资组合里，投资标的增加一种，风险就减少一些，但随着标的的增多，支付的精力和销售佣金等方面的费用都相应增加，其降低风险的能力也越来越低。所以，进行投资组合要把握一个"量"的问题。

自我训练

如何规划自己的时间

时间和金钱一样是赚钱的资本，不要把时间都花在同一件事上。

1. 在保证学习时间的基础上把一部分时间放在兴趣爱好的培养和发展上，一定要有掌握一种感兴趣的技能，所谓技不压身，日后会有受益的一天。

2. 把一部分时间放在"发呆"上面。所谓"学而不思则罔"讲的就是这个道理。青少年不缺乏活跃的课外活动，也不缺乏积极活泼的表现时间，但是不能忽略掉一些属于自己独自思考的时间。这个时候是锻炼自己独自面对问题的好机会，为日后的独立打好思考的基础。

保持对信息的敏感度

> 伟大的思想能变成巨大的财富。
>
> ——塞内加

"四十九人大篷车队"的成员之一菲利普·阿穆尔年轻时候的全部家当

就是一辆大篷车和一匹骡子。成年累月地跟着车队穿梭在美国那片大沙漠上。菲利普·阿穆尔工作很勤奋，很认真，而且他不乱花钱，将收入都积攒起来，多年之后也有了一点资本，为他后来的投资打下了基础。

美国南北内战的前夕，菲利普·阿穆尔在经过市场调查后知道如果战争爆发，那美国北方各州将失去南方各州农牧产品的支持，生活必需品的价格必然暴涨，如果现在开始囤积，那么战争期间，他将发一笔大财。于是他找到一个较有钱的朋友——普兰克顿先生，把自己的计划和盘托出。普兰克顿先生并不十分肯定他的推测，但他觉得这笔投资并不算多，而且菲利普·阿穆尔也是一个值得信赖的人，便同意了。

菲利普·阿穆尔很快行动起来，他在南方收购猪肉，运到纽约之后冷藏起来。几乎没有人相信他这笔生意可以挣钱，因为谁愿意吃这冻得硬邦邦的东西呢？战争果然爆发了。如菲利普·阿穆尔所料，北方的物价日渐飞涨。原来人们不屑一顾的冻肉，成了主妇们竞相追逐的紧俏食品，原本十二美元一桶的猪肉，很快卖到了三十美元、四十美元、五十美元，最后稳定在五十五美元左右。

到了战争后期，格兰特将军向北方军队发出"打到里士满去"的命令。菲利普·阿穆尔立即意识到，战争快要结束了。1864年的一个早晨，他匆匆敲开了合伙人普兰克顿的门，大声说："我们得赶快到纽约去，就坐下一趟火车。我们必须把所有的猪肉尽快卖出去。格兰特和谢尔曼已经带领军队发起了最后的进攻，叛乱就要停止了，战争很快就会结束，那时猪肉会跌到十二美元一桶。"普兰克顿同意菲利普·阿穆尔的观点，他相信菲利普·阿穆尔的眼光。

菲利普·阿穆尔到了纽约，立即以每桶五十美元的价格大量抛售猪肉，引起了疯狂的抢购。纽约的投机商们都认为他疯了，他甚至成为人们茶余饭后的笑料。好心的人劝告他说，战争还没到结束的时候，猪肉价格还会涨到六十美元一桶。菲利普·阿穆尔不理会这些人，把自己的存货抛售一空。

果然，格兰特带领军队一路穷追猛打，而南方的叛军节节败退。里士满很快重新插上了星条旗。在一片欢呼声中，纽约的猪肉价格狂跌，变成了十二美元一桶。大批的投机商慌了手脚，但是他们对于局势却无能为力。只有菲利普·阿穆尔带着净赚的两百万美元，来了一次胜利大逃亡。

也许你会说："是的，我也知道信息很重要，可我不是间谍，怎么可能搜集到信息？"其实，你错了。只要用你的两眼、两耳和一张嘴巴也是能得到重要信息的。你的朋友、你的竞争对手，报纸、杂志、广播电视……都会有大量信息随时随地提供给你参考；食堂、酒会、舞会、咖啡屋……都能成为信息的源泉，实际生活中处处充满着信息。善于观察生活的人，总能找到成功的机遇，也就是说对信息的敏感性要强。

自我训练

实际上，对于信息的敏感性来源于善思考、善联系、善挖掘，透过信息的面纱来感知隐含着对自己有用的内容。好比在荒原上寻宝，宝不可能明摆在你的面前，要通过它表面的异常表现(信息)，判断宝可能就在下面，然后把宝挖出来。如果非要眼睛直接看到宝才弯腰去拿，那几乎没有可能，大量的信息都会从你身边流过，而你却与它无缘。

捡起别人忽略的死角

有的人眼睛只看到山，有的人眼睛只看到水，有的人眼睛却看到山水深处的宁静。

——西方民谚

在一个古老而闭塞的山村里，一个考古学家想收集古董，他想山村里的村民大多没有出过山村，都很贫穷愚昧，一定不知道古董的价值，如果自己真的能发现一件古董，一定可以以很低的价钱收购回来。

就这样考古学家揣着这样的投机想法开始了他的寻宝之旅。

一开始挺幸运，这个考古学家在山村里转了几天，还真收集到了几件古董。就在他准备离开山村的时候，他忽然发现一只可爱的小猫在吃食，他蹲在地上观察了很久，他当然不是在观察小猫，而是在观察那只放着猫食的小碗。

经过仔细地判断，他断定这只喂猫的碗是一件罕见的古董，即便不是古董，那它的卖相也十分良好。而这家主人竟然用它来放猫食，可见这家主人并不知道这个碗的价值，考古学家心生一计，便装作借宿的样子，在这户人家住了下来。他想通过不那么突兀的方法得到这只即将价格不菲的古董。

几天下来，跟这家主人，一个看似木讷的村妇也熟悉起来了，这个考古学家每日都给猫喂食，装作很喜欢这只猫的样子，终于，考古学家要离开这里了，他装作依依不舍的样子摸着那只小猫的毛，对村妇说："大嫂，我很喜欢这只小猫，不知道你能不能把它卖给我呢？"还以为村妇不肯，没想到她很爽快地答应了。

考古学家装作很高兴的样子抱起小猫："那我出一百元买下这只猫，好不好，你如果觉得少我还可以再加。"

村妇说一百就很多了，考古学家接着便又像忽然想起什么似的对村妇说："我觉得这只小猫一定已经适应这个小碗了，我怕用别的器具它会不习惯，这样吧，我再加五十，你把这个碗一块卖给我吧？"

没想到村妇这次却不同意了，她说了一句令考古学家目瞪口呆的话："那可不行，靠这个破碗，我都卖出去三只猫了。而这只碗，他的真正买家还没到呢。"

考古学家只得悻悻地抱着那只没用的猫离开了山村。

寄语青少年

村妇故作愚昧，利用一只碗卖猫以获得利润。她才是真正的投资智者。了解自己投资对象的优劣，了解竞争对手的策略，这正是投资人取得财富的取财之道。那些往往自认为聪明的投资者很容易漏掉一些看起来不起眼的投资机会，这个时候就是你捡起机会大干一场的时候了。

自我训练

黄金的投资技巧

黄金藏品有五大类即金块、金条、金币、金饰品和纸黄金。其中，纸黄金实际上是由银行办理的一种账面上的虚拟黄金。下面我们就认识一下这些产品。

1. 金条、金块

金条、金块是最传统的黄金投资品种。一般，它们具有附加支出不高的优点，所以投资者基本上可以以接近原料金的价格买进条块金。而通过先进的工艺制造出来的金条、金块图案精致，适合收藏和馈赠，且变现性好，购买方便，是投资实物黄金的好选择。

适合的投资者：有闲散资金并想做长期投资者，且不在乎黄金价格短期波动。

2. 金币

金币投资其主要价值在于满足集币爱好者的收藏，其投资功能并不大。它主要分为两种，纯金币和纪念性金币。

适合的投资者：偏爱钱币状黄金，并对金银纪念币行情以及金银纪念币知识有较多了解的投资者。

3. 金饰品

进行金饰品投资的大多是爱好珠宝、追赶潮流的年轻人。他们一般不看重黄金的保值和增值功能，更在意黄金的图案、美观等。而且金饰品抗风险的能力相对来说较差，并不是很好的投资行为。因为黄金首饰在买入和卖出时的价差较大，而且许多黄金首饰的价格与价值存在着很大差异。

适合的投资者：爱好珠宝首饰的女性投资者。

抓住甚至创造投资机会

掌握成功的机会就像捕捉空中飞舞的蜻蜓，你需要手眼不停地忙碌。

——犹太名言

拉菲尔·杜德拉，委内瑞拉人，他是石油业及航运界知名的大企业家，也是一个以善于"创造机会"而著称的人物。正是凭借着不断寻找机会甚至创造机会的行为，在不到20年的时间里，他就建立了投资额达10亿美元的事业。

在60年代中期，杜德拉在委内瑞拉的首都拥有一家玻璃制造公司。可是，他并不满足于干这个行当，他学过石油工程，他认为石油是个赚大钱和更能施展自己才干的行业，他一心想跻身于石油界。

有一天，他从朋友那里得到一则信息，说是阿根廷打算从国际市场上采购价值2000万美元的丁烷气。得此信息，他充满了希望，认为跻身于石油界的良机已到，于是立即前往阿根廷活动，想争取到这笔合同。

去后，他才知道早已有英国石油公司和壳牌石油公司两个老牌大企业在频繁活动。无疑，这本来已是十分难以对付的竞争对手，更何况自己对经营石油业并不熟悉，资本又并不雄厚，要成交这笔生意难度很大。但他没有就此罢休，而是采取了迂回战术。

一天，他从一个朋友处了解到阿根廷的牛肉过剩，急于找门路出口外销。他灵机一动，感到幸运之神到来了，这等于给他提供了与英国石油公司及壳牌公司同等竞争的机会，对此他充满了必胜的信心。

他立即去找阿根廷政府。当时他虽然还没有掌握丁烷气，但他确信自己能够弄到，他对阿根廷政府说："如果你们向我买2000万美元的丁烷气，我便向你们购买2000万美元的牛肉。"当时，阿根廷政府想尽快把牛肉推销出去，便把购买丁烷气的投标给了杜德拉，他终于战胜了两个强大的竞争对手。

投标争取到后，他立即开始筹办丁烷气。他随即飞往西班牙。当时西班牙有一家大船厂，由于缺少订货而濒临倒闭。西班牙政府对这家船厂的命运十分关切，想挽救这家船厂。

这一则消息，对杜德拉来说，又是一个可以把握的好机会。他便去找西班牙政府商谈，杜德拉说："假如你们向我买2000万美元的牛肉，我便向你们的船厂订制一艘价值2000万美元的超级油轮。"西班牙政府官员对此求之不得，当即拍板成交，马上通过西班牙驻阿根廷使馆，与阿根廷政府联络，请阿根廷政府将杜德拉所订购的2000万美元牛肉，直接运来西班牙。

杜德拉把2000万美元的牛肉转销出去了之后，继续寻找丁烷气。他到了美国费城，找到太阳石油公司，他对太阳石油公司说："如果你们能出2000万美元租用我这条油轮，我就向你们购买2000万美元的丁烷气。"太阳石油公司接受了杜德拉的建议。从此，他便打进了石油业，实现了跻身于石油界的愿望。经过苦心经营，他终于成为委内瑞拉石油界巨子。拉菲尔·杜德拉的成功在很大程度上得益于他抓住机会和创造机会的能力，正是凭借着这样的意识，他排除了前进途中的诸多困难，最大限度地发挥出了自己的能力，并一步步实现了自己的财富梦想。

不要总是抱怨自己的运气不好，缺乏成功的机会。青少年要看到有时候难得的机会总会伴随着其他的机会，路有很多而非一条。实际上，我们缺少的并不是机会，而是善于抓住机会的能力，如果能想到做到，平时不断增强自己这方面的能力，在机会来临时好好把握，我们终会有成功的那天。

自我训练

拍卖的技巧

现有一张售价1万元的彩票，是两个人各出5000元买下来的。这两人决定互相拍卖这张彩票。两人各把自己的出价写在纸条上，然后给对方看。出价高的得到这张彩票，但要按对方的出价付给对方钱。如两人的出价相同，则两人平分这张彩票权。究竟什么样的出价最有利？

分析结果：

出价5001元最有利。如你出价5002元，对方出价5001元，你不得不付给他5001元，这样一来你买这张1万元的彩票就花了10001元，即多花了1元钱，也就是说出价超过5001元不利。反过来出价少于5000元也不利。你如果出价4999元，在对方出价高于你的情况下，你就亏了1元。

任何事都有得失两面，出价高或低都可能损失自己的利益，要反复思考，包括对方的出价对自己的影响。

第四章

创新是财富的"魔法大吸盘"

财商训练营

做有创新思维的青少年

所谓创新，简单说来就是一系列突破常规的活动，目的为了发现或产生某种新颖、独特的有价值的新事物、新思想。创新的本质是突破一切"旧"的思维定势、常规戒律。因此，不难看出，"新"是这一活动的核心。

一个拥有创新思维的人，必定是一个善于观察和发现周围世界的人。面对当今社会的日新月异，创新思维不仅能让人更好地适应环境，更重要的是改变和影响环境。对于青少年来说，创新思维的培养是影响他们整个人生的至关重要的大课题。

那么，有哪些方法可以培养青少年的创新思维呢？

1. 学会逆向思维，多问几个"为什么"

对于已有的事物，很多人常常抱有相信的态度，从不怀疑其合理性或其他。青少年想要培养创新思维，首先就要学会"怀疑"，即多问几个为什么，善于对一些看似如真理般存在的事物发问，根据自己的疑惑，根据老师的循循善诱，寻找真正的答案。

2. 抬高你的视线，学会高瞻远瞩

创新思维最忌目光短浅，青少年要放准自己的眼光，学会高瞻远瞩。关注你感兴趣的领域的前沿信息，多多领悟名家的观点。只有那些高瞻远瞩的人，才能占据思维的制高点。每一个追求财富的人必须有一定的远见，这样才能在将来的决策中受益，获得更多的财富。

3. 拥抱自信，大胆说出你的想法

很多时候，一些人想到了一些极好的创意，但是他们往往很不自信，不敢将这些创意公布出来，从而使自己默默无闻、平庸一生。很多青少年

在团体讨论中，出于自卑或者怕出丑的心态，不敢表达自己的想法。青少年应提高自己的自信心，只要有创意，大胆地相信自己，把它讲出来，说不定会为你带来意想不到的惊喜。

4. 勇于探索，时刻保持你的好奇心

好奇心是产生创意的基础，有了好奇心才会有探索的欲望，有了欲望才会有创新。对于青少年来说，要时刻保持自己的一颗好奇之心，不要被常识的面貌束缚，要打破习惯常规。拥有了好奇心，就拥有了成功创新的一个先决条件。

5. 告诉自己"可能"而不是"不可能"

很多青少年在面对问题时，会自己给自己设立障碍，事先告诉自己这是不可能完成的事情，这也就隔断了一切创新之路。如果主观上认为"不可能"，那就真的不可能了；若主观上认为"可能"，那么，任何暂时的"不可能"终究会变成"可能"。所以，青少年应该多告诉自己几个"可能"而不是"不可能"。

6. 放任想象力，让你的世界天马行空

一个人是否具有创新思维不在于你有没有上过学，而在于你是否具有想象力。缺乏想象力会导致对自然界、对事物本质的理解发生困难。总之，想象是创新的先导，是智慧的翅膀。青少年在学习书本知识的同时，也要不断拓展自己的想象力，不能让自己的思维倦怠。放任思维上的天马行空，对于锻炼青少年的创新是非常有裨益的。

7. 此路不通，换个角度看问题

每当遇到思维上的瓶颈不要着急，可以通过询问别人、联想思考等方法换个角度看问题。切忌抓住不放、钻牛角尖的思考方法。经常换个角度去试，你会发现我们的日常生活中处处充满创造的灵感，创造就在我们身边。

8. 突破固有思维定式，拒绝"随大流"

在现实世界中，"随大流"的现象是普遍存在的。所以，我们要想在众人中脱颖而出，就必须在思维上克服"随大流"的思想，多从潮流相反的方向思考，找出新颖的观念。

个性才能生存

普洛奇是一位犹太富人，同时也是美国的食品大王、亿万富翁。同许多犹太富商一样，普洛奇的青年时代也是靠给别人打工度过的。

有一天，他的老板让他把20篓受损的香蕉卖出去。这些香蕉只是外面的皮太熟了，颜色不好看，质量倒是完全没问题。

市场上的香蕉价格是每4磅3美分。老板说，你可以每4磅卖2美分，或者更低也行。只要能把这20篓香蕉卖出去，价格方面可以随意。

普洛奇把香蕉成堆地摆在门口，开始卖香蕉了。但是，普洛奇并没有按每4磅2美分或者更低的价格叫卖。普洛奇这样叫卖："阿根廷香蕉，快来买哦！"

"阿根廷香蕉"这个有个性、新颖的名字马上吸引了一大群爱凑热闹的美国人。

普洛奇向"听众"解释说："这些样子古怪的香蕉是一种新品种，产地在阿根廷，美国是第一次销。当然啦，为了感谢各位来照顾我的生意，打算以低价出售，每磅10美分。"就这样，本来打算低价处理的受损香蕉，被普洛奇这样一说，卖出的价反而比新鲜香蕉的市场价还要高。

美国人听到普洛奇这样一叫卖，觉得沾了很大的光，而且还是新品种的香蕉。于是不到一个上午，所有的香蕉全被一扫而空。

寄语青少年

普洛奇的做法就是很有个性的，他正是很好地利用了香蕉不利的一面去思考，而且他并不是想着香蕉受损就要降价，而是想着怎么样把这一点变成香蕉独有的个性。因为直接表明受损，即使是降价，美国人也不会轻易接受，而对于有个性的东西就不一样了。抓住这一点，普洛奇创出了个性，出奇制胜。

✔ 自我训练

请在札记本中，针对以下每对组合至少写下三个关联。这个练习没有所谓的"正确答案"，只有"有创意的答案"，请你好好享受一下吧！

·牛顿与水果。

·爱因斯坦的发型与我的学习。

·光速与我最喜欢的表亲。

·$E=MC^2$与天主教。

·突出与人际智商。

·甘地的"反暴力说"与爱因斯坦对"统一场论"的追求。

·爱因斯坦与玛丽莲·梦露。

比如：以下是对"爱因斯坦的发型与我的学习"两者之间关系的联想：

1. 两者皆时常超出控制。

2. 用点摩丝可能会对爱因斯坦的头发小有帮助，我们则必须保持心理与生理"健康"，才能做好我们的工作。

3. 爱因斯坦的发型提醒我，内在通常比外表重要：即使一天头发没整理好，我们一样能有好的工作表现。

现在请你再做一次一物多用练习，这一次请在2分钟内，写下砖块的所有用途。想要有爱因斯坦般的敏捷思路，要能专注于不受拘束的自由联想。换言之，把这当作书写速度的练习。把你能想到的答案全部尽快写下，不带分析，也不带任何批评。等你获得天才级的高分后，再回头运用联想去解释这些天马行空的答案。

生意场上没有禁区

怯弱的燕子没有飞过风起云涌的大海是因为它把画布当成了实景。

——犹太格言

　　罗恩斯坦的国籍是列支敦士登，但他并非生来就是列支敦士登的国民，他的国籍是用钱买来的。列支敦士登是处于奥地利和瑞士交界处的一个极小的国家，人口只有36281人，面积157平方千米。这个小国与众不同的特点，就是税金特别低。这一特征对外国商人有极大的吸引力。为了赚钱，该国出售国籍。非本国国民获取该国国籍后，不分贫富无论有多少收入，只要每年缴纳9万元税款就行了。因而，列支敦士登国便成为世界各国有钱人向往的理想国家。他们极想购买该国的国籍，然而，原来只有19000人的小国容纳不下太多的人，所以想买到该国国籍也并非易事。但是，这难不倒机灵的犹太商人。

　　罗恩斯坦把总公司设在列支敦士登，办公室却设在纽约，在美国赚钱，却不用交纳美国的名目众多的税款，只要一年向列支敦士登国交纳9万元就足够了。他由此获取了最大利润。

　　对于一般人来讲，国籍是神圣的，会认为这种以国籍为资本做生意的行为是对国籍的亵渎。但是对于犹太人来说国籍是不存在的，犹太人从不看重这个政治概念，在他们看来，如果以它为资本能够为自己带来巨大利润，为什么不选择放弃呢？所以对于生意而言，国籍和政治不是最重要的，它们只是提醒人们做生意要采取不同的方式和方法而已。

　　罗恩斯坦经营的其实是一家"收据公司"，靠收据的买卖可赚取10%的利润。在他的办公室里，只有他和女打字员两人。打字员每天的工作是打好发给世界各地服饰用具厂商的申请书和收据。他的公司实质上是斯瓦罗斯基公司的代销公司，他本人也可以说是一个代销商。

　　提及斯瓦罗斯基公司，便不能不提罗恩斯坦致富的本钱——美国国籍，下面是罗恩斯坦的一段真实的故事：斯瓦罗斯基的大公司实力雄厚。达尼尔·斯瓦罗斯基家是奥地利的名门，奥地利的祖先世世代代都生产玻璃制假钻石的服饰用品。

第二次世界大战后，斯瓦罗斯基的公司因为在大战期间，曾奉德国纳粹党的命令制造军用的望远镜等军需品，所以将被法军接收。当时是美国人的罗恩斯坦悉知上情后，立即与达尼尔·斯瓦罗斯基进行交涉："我可以和法军交涉，不接收你的公司。不过条件是——交涉成功后，请将贵公司的代销权让给我，收取卖项的10%好处，直到我死为止。"

斯瓦罗斯基对于犹太人如此精明的条件十分反感。但经冷静考虑后，为了自身的利益，他只好委曲求全，为保住公司的大利益而接受了罗恩斯坦的全部条件。

对法国军方，罗恩斯坦充分利用美国是个强国的威力，震住了法军。在斯瓦罗斯基接受他的条件后，他马上前往法军司令部，郑重提出申请："我是美国人罗恩斯坦。从今天起斯瓦罗斯基的公司已变成我的财产，请法军不要予以接收。"

法军哑然。因为罗恩斯坦已经是斯瓦罗斯基公司的主人，即此公司的财产属于美国人。法军无可奈何，不得不接受罗恩斯坦的申请，放弃了接收的念头。接收美国人的公司是毫无正当理由的，况且美国对于法国来说，是惹不得的。

就这样，罗恩斯坦未花一分钱，便设立了斯瓦罗斯基公司的"代销公司"，轻松自在地赚取销售额10%的利润。

罗恩斯坦轻松致富，是国籍帮了他的大忙，以美国国籍为发家的本钱，再靠列支敦士登国的国籍逃避大量税收，赚取大钱！这就是犹太人。国籍也是能赚大钱的手段。应当留意，生意无禁区既指交易内容上无禁区，也指交易对象上无禁区。

没有不可以利用的机会，没有跨不过的火焰山。细数自己所有身价，你总会找到上天给予你的机会。所有人机会均等，有了这份平常心，你的财富道路才会拓宽到天边。

自我训练

如何突破生意的禁区

青少年一定要明白，在经济生活中，最大的规范就是法律，只要不触犯法律那就永远有买卖做。当然我们也不能触动道德的底线。但是我们一定不能因为偏见而束缚自己的财富思维。有人认为学生就应该认认真真地学习，其他什么都不要参与，浪费时间。但实际上有许多富翁就是在学生时代确立自己的财富梦想并开始尝试，以至于走出校园变成了创业精英。

开锁不能总用钥匙

开锁不能总用钥匙，解决问题不能总靠常规的方法。

——犹太格言

很久以前，有一个富翁，他有两个儿子。儿子渐渐大了，他开始苦苦思考让哪个儿子继承遗产的问题。

想起自己白手起家的青年时代，富翁忽然灵机一动，找到了考验他们的好办法。

他锁上宅门，把两个儿子带到一百里外的一座城市里，然后给他们出了个难题，谁答得好，就让谁继承遗产。

他交给他们一人一串钥匙、一匹快马，看他们谁先回到家，并把宅门打开。

兄弟两个几乎同时回到家，但面对紧锁的大门，两个人都犯了难。

哥哥左试右试，苦于无法从那一大串钥匙中找到最合适的那把；弟弟呢，则苦于没有钥匙，因为他刚才光顾了赶路，钥匙不知什么时候掉在了路上。

两个人急得满头大汗。

突然，弟弟灵光一闪，他找来一块石头，几下子就把锁砸了，他顺利地进去了。

最后，继承权自然落在了弟弟手里。

寄语青少年

人生的大门往往是没有钥匙的，在命运的关键时刻，人最需要的不是墨守成规的钥匙，而是一块砸碎障碍的石头！要懂得打破常规思维，而不是固守传统。在追求财富的过程中，人们最大的限制常常是思想的贫瘠与思维的僵化。循规守旧、一成不变是人们的惰性。固守尘封会让人在既定的框架和模式中毫无作为。

自我训练

拿破仑·希尔说："思考创造财富。"事实上，只要我们善于改变自己的思维方式，就可以拓宽财路。这就是创意的力量，它能让人发掘出别人想不到的机会。

启动游戏：

1. 用6根火柴摆成下图的样子。

2. 询问参与者，如果再加上5根，你能将它变成9吗？

游戏建议：

提到9，我们很容易想到阿拉伯数字"9"或汉字"九"，但英文的"nine"却因为未形成习惯性思维而被忽略。根据火柴棍的特点，对"nine"的摆法经过仔细思考是可以想到的。

如下图所示，由原来的6根火柴加上后来的5根拼成了英文单词nine（9）。

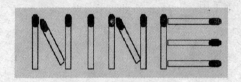

游戏帮助我们改变思维方式，在金钱的赚和花这两方面也需要常常改变思维方式，做到"能挣会花"，坚持以最小的代价获得最大的利益，让赚和花融于一体。

从身边发现赚钱灵感

思维世界的发展，从某种意义上说，就是对惊奇的不断摆脱。

——高斯

有这样一个美国小男孩，父母在生活上对他要求很严，平时很少给他零花钱。8岁的时候，有一天，他想去看电影，身上却分文全无。是向爸爸妈妈要钱还是自己挣钱？他第一次开始思考这样的问题。最后，他选择了后者。他自己调制了一种汽水，把它放在街边，向过路的行人出售。可那时正是寒冷的冬天，没有人购买，最后只等到两个顾客——他的爸爸和妈妈。

他偶然得到了和一个成功商人谈话的机会，当他对商人讲述了自己的"破产史"后，商人给了他两个重要的建议：第一，尝试为别人解决一个难题，那么你就能赚到许多钱；第二，把精力集中在"你知道的、你会的和你拥有的"东西上。

这两个建议很关键。因为对于一个8岁的男孩而言，他不会做的事情还很多。于是他穿过大街小巷，不停地思考：人们会有什么难题？如何为他们解决难题？这其实很不容易。好点子似乎都躲起来了，他什么办法都想不出来。但是有一天，父亲无意中激发了他的灵感火花。

一天吃早饭时，父亲让他去取报纸——美国的送报员总是把报纸从花园篱笆中一个特制的管子里塞进来。假如你想穿着睡衣，一边舒服地吃早饭，一边悠闲地看报纸，就必须先离开温暖的房间到房子的入口处去取报纸，即使在天气不好的时候也必须如此。虽然有时候只需要走二三十步路，但也是非常麻烦的事情。

当他为父亲取回报纸的时候，一个主意诞生了。当天，他就挨个按响邻居的门铃，对他们说：每个月只需付给他1美元，他就每天早晨把报纸塞到他们的房门下面。大多数人都同意了，这个小男孩很快就有了70多个顾客。当他在一个月后第一次赚到一大笔钱的时候，他觉得简直是飞上了天。

高兴的同时他并没有满足现状，他还在寻找新的赚钱机会。经过一段时间的思考，他决定让他的顾客每天把垃圾袋放在门前，然后由他早晨送报时顺便运到垃圾桶里——每个月另加1美元。他的客户们很赞赏这个点子，于是他的月收入增加了一倍。后来他还为别人喂宠物、看房子、给植物浇水，他的月收入随之直线上升。

9岁时，他开始学习使用父亲的电脑。他学着写广告，而且开始把小孩子能够挣钱的方法全部写下来。因为他不断有新的主意，有了新主意就马上实施，所以很快他就有了丰厚的积蓄。他母亲帮他记账，好让他知道什么时候该向谁收钱。

随着业务的扩大，他必须雇佣别的孩子为他帮忙，然后把收入的一半付给他们。如此一来，钱便潮水般涌进了他的腰包。

一个出版商注意到了他，并说服他写了一本书，书名叫《儿童挣钱的250个主意》。因此，他在12岁的时候，就成了一名畅销书作家。

后来电视台发现了他，邀请他参加许多儿童谈话节目。他在电视里表现得非常自然，受到许多观众的喜爱。到15岁的时候，他有了自己的谈话节目，通过做电视节目和电视广告，他已经发展到日进斗金的程度。

当他17岁的时候，他已经成了百万富翁。

寄语青少年

人类的潜能是无穷的，可惜很多人的潜能都被不恰当的教育方式给淹没了。其实，只要你开动脑筋，勇于创新，多想一个主意，就能赚取大笔财富。没有创新能力的人，只能注定贫穷。

自我训练

我们面对的是一个变幻莫测的经济社会，有多少惯性压抑了自己的潜能

于是，他采用了许多精加工和细致锻冶的工序，成功地把他的产品变成了几乎看不见的精细的游丝线圈。

一番艰辛劳苦之后，他梦想成真，把仅值十几元的铁块变成了价值一百万元的产品，这比同样重量的黄金还要昂贵得多。

但是，还有一个工人，他的工艺精妙得可算登峰造极，他的产品鲜为人知，他的技艺也从未被任何字典和百科全书的编纂者提及过。

他拿来一块钢，精雕细刻之下所呈现出的东西使钟表发条和游丝线圈都黯然失色。

他的工作完成之后，出现了牙医常用来勾出最细微牙神经的精致勾状物。同样重量的这种柔细带勾的钢丝要比黄金贵几百倍。

寄语青少年

如果没有创造力，一个人不论多么坚强、多么敏锐，都不会取得成功。想象作为形象思维的一种基本方法，不仅能构想出未曾知觉过的形象，而且还能创造出未曾存在的事物形象，因此是任何创新都不可缺的基本要求。没有想象力，一般思维就难以升华为创新思维，也就不可能有所创新。

自我训练

集中精力做一件事的态度，能够在游戏中练就。

启动游戏：

有一个家庭花了12万元买了一套房子，住了2个月之后，他们因工作关系要离开该城市，遂以13万元卖出房子。过了半年，他们又重新回到这座城市工作。他们把房子买回来花了14万元。不久以后，他们想买一套更大的房子，又以15万元的价格把房子卖出。

1. 针对上述故事提问：这个家庭在房子买卖的过程中赚了还是赔了，或者是不赔不赚？如果是赚了或赔了，具体金额又是多少？

2. 用时2分钟。把答案写在纸上。

游戏建议：

游戏中，分析问题的时候，把问题分解开来，一一解决就会变得容易。做完游戏后思考下面的问题。

1. 是什么原因使你答错了题？

2. 为何将问题分解后再进行计算，答题的正确率要高一些？

解答：赚了2万。我们用"+"来表示卖房子所得的收入，用"−"来表示买房子所用的支出，那么他这四次买卖房子可表示为−12，+13，−14，+15，最终结果为+2，由此可推算出赚了2万。

游戏中分解问题一一解决的方法被很多商人采用，他们总是集中精力解决一件事，这也是他们高效工作的习惯。

寻找更好的方法

> 一个绝妙的创意往往能帮助你敲开机会和财富的大门。
>
> ——犹太格言

在一个古老的村庄，所有的村民都靠着当地盛产的核桃为生。每到秋天，漫山遍野的核桃就给村民们带来了滚滚财富。此时此刻村民们也就忙碌了起来。

村民们的忙碌就像是和时间赛跑，因为谁的核桃先上市谁就会卖一个好的价钱，所谓"物以稀为贵"。等市场上已有许多的核桃之后，价钱自然就会降低了。于是，人们在采集核桃时都争先恐后，采完之后也迅速返回家中，将采回来的核桃按大小、好坏分成不同的等级，再分装好，刻不容缓地沿着乡村公路拿到集市上去卖。

时间长了，许多人都发现一个奇特的现象。村里的人拿第一的永远是杰克，任何人都无法超越他，人们无论怎么努力都只能抢着做第二。而且当第二的人拿着核桃去卖的路上就可看见杰克推着空车回来了。

十几年下来都是如此。人们感到非常困惑："一定是有什么捷径吧！为什么他总是可以遥遥领先呢？"村民们想了许久，终于想了一个办法揭开谜底。这天，他们热情地邀请杰克去餐馆吃饭，说是为了庆祝其中一个人的生日，杰克不知是计，欣然前往。席间，几个村民频频给杰克敬酒，其中一个对他说："杰克，你知道吗？我一直都很欣赏你，每次赶集你总是第一，我一定要敬你一杯。"刚喝完，另一个接着又说："杰克，难得我今天过生日，你百忙之中抽时间来为我庆祝，我一定要敬你一杯。"

杰克很快就感到头晕晕的，也就大方地跟几个村民开怀畅饮起来。村民们见时机已到，就开始试探他每次都拿第一的秘诀，杰克闭着眼，笑呵呵地说："我哪有什么捷径啊！只不过是我不用花时间去分我的核桃，你们在分的时候，我就已经上路了，你们分好时，我就开始在集市卖了啊！"村民更纳闷了："为什么你不用分类，那样不是更亏吗？"杰克笑着回答："我在山上摘完之后，就尽挑坎坷不平的路走，这样一路颠簸下来，小核桃自然就到了下面，而大核桃就在上面，也很自然就分好了，我就不用花时间分了嘛！"

众村民你看我，我看你，一句话都说不出来。

寄语青少年

拿破仑·希尔说："创新不需要天才。创新只在于找到新的改进方法。任何事情的成功，都是因为能找出把事情做得更好的办法。"创新能力是你必须具备的核心竞争力，它是赢家的第一能力。美国著名心智发展专家约翰·钱斐说道："创新能力是一种强大的生命力，它能给你的生活注入活力，赋予你生活的意义。创新能力是你改变命运的唯一希望。"

♥ 自我训练

寻找办法过程中的注意事项

1. 及时让大脑休息

人的精力集中是有一定时限的，经过一段时间的高强度思考便会劳累，处于疲惫状态，这个时候要休息。充分休息是开启接下来新思考阶段的基础。

2. 不要只想着眼前的问题

在思考难题的时候，我们可以多想想跟这件事类似的其他的事件，往往其他事件会给自己带来灵感。而埋头一件事的思考很容易让自己钻了牛角尖出不来。

把烦恼当作创新的开始

只有出奇才能制胜，如果你不想改造你的大脑，你就永远改变不了这个世界。

——葛兰思

小牧童裘斯是美国加利福尼亚洲人，由于他有着非凡的智慧，善于思考，发明了铁蒺藜，后来成为世界著名的大企业家。

牧童小裘斯的工作就是每天早晨从羊舍里把羊赶出来，让它们吃草，更重要的是还要监视羊群不要越过铁丝的界限到邻家的菜圃里吃菜。牧羊场与菜圃的交界处有六条铁丝做成的栅栏，约50米；另外大约有20米是以本来就有的玫瑰花丛来隔离的。

　　羊群安静吃草时，小裘斯闲着没事，就拿出一本书来读，或者在那里呆想："我的朋友们都上中学快毕业了，将来有的做官，有的做企业家，有的做学者，穿着漂亮的衣服，提着皮包，而我呢……"有一天，他在忧伤中不知不觉睡着了。结果菜圃被羊吃得一塌糊涂，他也遭到老板一场臭骂。

　　这件事发生之后，他经常想："怎样做才能使羊绝对无法越过栅栏呢？"当他看到羊从来不穿越玫瑰的花丛时，突然领悟："是玫瑰花浑身的刺挡住了羊，羊怕刺。"

　　悟出了这番道理，他高兴极了。几天之后，聪明的小牧童裘斯终于想出了绝招：把铁丝用老虎钳剪成3厘米左右的一段，再把它缠到铁丝上做个刺。铁丝上缠满了这样的刺儿，羊就不敢闯过去了。不到5天，他就把全部栅栏加工完毕。

　　第二天，他悄悄地躲在一边观察羊群的动静，羊很驯服，也很机灵，它们一看裘斯不在，马上就成群结队奔往铁丝栅栏。当它们要穿过去时，却被铁蒺藜挡住了，有的还被刺伤。它们一时都被吓住了，无可奈何地伫立在那儿哀叫。

　　"成功了！"小裘斯高兴地拍手跳起来。

　　"这个铁丝刺儿一定会受到人们欢迎，那时候我就不再是个牧童了。"他的上进心很强，不甘心永远当一个牧羊人，他想做一个企业家。

　　旁边的牧场主看到了铁蒺藜的妙用，受到启发，这不用牧童看守的铁丝刺栅栏太理想了，他们也跟着用铁丝刺围起来。

　　小裘斯看到这个事实后，立即向有关部门申请专利，半年后，他所申请的专利批下来了，小裘斯便与主人合作制造。由于铁蒺藜很有用场，他又懂得如何去推销，因此销路非常好。于是小裘斯又雇来技师进一步研究，把手工制造改用机械大批量生产。小裘斯的这项发明，受到社会各方面的欢迎。家庭、学校、工厂、公司都竞相使用铁蒺藜做篱笆，军方也用它设置障碍，大量的订货单如雪片般飞来。随后世界各地也相继使用。

世界各地的用户来势汹涌，订货数量庞大得惊人；他的工厂供不应求，无法应付。他又想了一个办法，允许各地的厂商自己来制造，但每制造1000米，他收取1美元的专利费。17年的专利期限终了时，他的财产之多实在惊人，终于成了一名世界级的大企业家。

寄语青少年

一个人成功与否不在于你有没有上过学，而在于你是否具有想象力。缺乏想象力的人，往往只看到视野范围之内的事物，而对身体感官所能触及的范围以外的时空和事物，在理解上往往有障碍。缺乏想象力会导致对自然界、对事物本质的理解发生困难。总之，想象是创新的先导，是智慧的翅膀。想象力是人类特有的天赋，是一切创新活动最伟大的源泉，也是人类进步的主要动力。有了想象力，就有可能像裘斯一样取得成功，而如果你没有想象力，你就有可能平庸一生。

自我训练

培养发散思维

1. 要培养我们的发散思维，就要从日常生活着手，注意积累生活中的各种信息，一定要不断地吸收新的观念、资讯，接触不同的人和环境。

2. 保持强烈的好奇心，并且随时追根究底及探索未知。在遇到问题的时候，调动我们原有的知识储备，多角度发散思维，为我们解决问题铺路，也会为我们的财富生活带来别样的精彩。

第五章
思考，让财富跟着你走

财商训练营

做善于思考的青少年

思考的力量是巨大的。任何思维的成果，都是思考的馈赠。人世间最美妙绝伦的，就是思维的花朵。思考是才能的"钻机"，思考是创造的前提。因此，潜心思考总是为成功之士所钟情。

哲学家伏尔泰说过，"书读得多而不加思考，你就会觉得你知道得很多，而当你读书而思考得越多的时候，你就会清楚地看到你知道得还很少。"可见，思考对于人类不可取代的作用。

那么，哪些方法才能培养青少年的思考能力呢？

1．知识积累，多读课外书

知识的积累对于培养青少年的思考能力是最基本的阶段，同样也是很关键的一个阶段。正如一座高楼的地基一样，充足的知识储备是青少年能够思考的基础。试想一个只了解书本知识的人，在其匮乏的知识储备中，想必其思考能力也是非常有限的。因此，青少年应多读些课本之外的书籍，拓宽自己的知识面，开阔自己的视野，为思考能力蕴育一个富足的温床。

2．懂得与孤独为伴

众所周知，很多思考都是在安静的环境下进行的，思考跟孤独常常是并存的。青少年处于成长阶段，喜爱热闹的场合，极力避免一个人的独处，这对于他们思考能力的锻炼是不利的。因此，青少年要学会与孤独寂寞为伴，并做到与它们的和谐相处，定时将自己置于安静的环境下，沉静自己的内心世界，倾听自己内心的声音，为思考提供适当的场所。

3．不管对错与否，先学会独立思考问题

一个人开始独立思考，意味着他将进入真正的思维碰撞阶段。市面上五花八门的参考书籍，父母老师的循循善诱，这对于青少年独立思考能力的培养往往事倍功半。一件正在发生的公共事件，或者是他们正在产生疑问的事情，引导他们独立思考全局，不管其观点是对是错，让他们说出自己的观点，表达自己的意见，这才是青少年开始思考的真正表现。

4．观察世界，从细微的生活细节看起

那些对周围世界不管不顾、粗心马虎的人，自然不会产生任何疑问，也就不会涉及思考的层面。一个善于思考的人，首先是一个善于观察生活的人。青少年应多关注自己生活的环境，无论是家庭、学校还是社会，培养自己对于细节的敏感度，观察周遭的人与事、自然现象等。思考源于生活，起因于生活，最后又从生活中寻找到答案。

5．切忌随大众，要有自己的判断力

判断力对于一个人思考能力的培养是至关重要的。如今，各种信息渠道交织杂乱地堆放在一起，对于某件事情的说明，青少年可以在网络上听到成百上千人五花八门的说法，此刻，想要做到不盲从、不随流，必须拥有自己的判断力。对于青少年判断力的养成，首先要有正确的是非观，然后是学会对已知信息的筛选和分类。

6．多与他人交流，擦出智慧火花

思考并非是一个人演独角戏，缺乏交流的思考容易使得思考之人陷入孤军奋战的境地，甚至会钻牛角尖，最终不得成功要领。青少年要加强培养与他人沟通交流的能力，遇到不解的疑惑可以主动请教老师或是同学，帮助自己进一步思考；与此同时，多组织一些集体讨论活动，有助于自己在与他人交流沟通的过程中，闪烁出智慧之光。

7．要有怀疑精神，做到不轻信、不妄言

思考始于怀疑。如果你对一件事物坚信不疑，也就不存在思考这个问题了。青少年要学会质疑一些看似合理的"存在"，在不轻信、不妄言的状态下，提出问题，然后在思考之后寻找答案。在"相信"与"质疑"之间，宁愿选择后者，让它点燃导火线引向思考的世界。

眼光要放在自己的东西上

不善思索的有才能的人，必定以悲剧收场。

——西方民谚

乔治退伍回到家乡时，他的父母都已病逝。命运的残酷还不止于此，战争使他和父母长时间失去了联系，而错误的信息更是让他的父母误以为儿子已经阵亡。所以，乔治从一个退伍军人疗养医院回到家乡之后才发现，父母将所有的遗产都留给了叔叔，这意味着除了战争留给他的一身伤疤，乔治已经一无所有。

当乔治看到叔叔那如同对待强盗似的小心翼翼的眼神时，他觉得自己被伤害了。很明显，叔叔十分担心乔治向他讨要因误会而失去的家产。所以乔治果断地拒绝了叔叔一家虚伪的挽留，独自一人默默地离开伤心的地方。虽然目前一贫如洗，但他对自己的未来还是充满了信心。

一次，当他从洗衣店里取回自己的衬衫后，他的生活再次发生了转变。

乔治知道很多洗衣店，在烫好的衬衣领上加一张硬纸板，防止变形。他写了几封信向厂商洽询，得知这种硬纸板的价格是每千张4美元。他的构想是，在硬纸板上加印广告，再以每千张1美元的低价卖给洗衣店，赚取广告的利润。

乔治立刻着手进行这个构想。广告推出后，乔治并没有那么容易拿到计划内的赢利。因为广告的受众并没有很在意这个载体上的信息，广告商为此十分不开心。乔治只收回了成本而已。

经过一份调查，乔治发现客户取回干净的衬衫后，衣领的纸板一般都是丢弃不用。看来广告商的责难是确实存在的。

面对问题，他不断地问自己："如何让客户保留这些纸板和上面的广告？"

商家当然要讨好买家，要按照他们的兴趣来做产品。基于这样的考虑，乔治想出了新的办法吸引顾客。

他在每张纸卡的正面印上彩色或黑白的广告，背面则加进一些新的东西——孩子的着色游戏、主妇的美味食谱或全家一起玩的游戏。结果他成功了。有一位丈夫抱怨道，他的妻子为了搜集乔治的食谱，竟然把可以再穿一天的衬衫送洗。

就这样，只不过是一个背面的改良，乔治引来了更多的广告投资，赚的钱也不在少数，更重要的是，因此他获得了很好的名声。

在做出任何行动之前，请明确这样一条原则：你寻求的并不是属于别人的财富，你可以自己创造你所需要的财富，这种财富才是无限的。

自我训练

如何把自己的智慧变成财富

1. 不要羞于谈钱

不要羞于谈钱，要把赚钱当作梦想。接着你就要清点自己所掌握的知识能够为自己的梦想作出什么样的贡献。你了解的金钱越多，它就越容易来到你的身边。

2. 参与赚钱的环节

青少年用课余的时间打工、参加实践活动，都是锻炼自己把学到的知识运用到实践中的好方法。只有实在的参与赚钱的工作才能明白什么是扎扎实实的智慧，什么是虚伪的假把式。

奇货可居，物以稀为贵

铁不用会生锈，水不流就会发臭，人的智慧不用就会枯萎。

——西方民谚

一个印度人拿了三幅名画，这三幅画均出自名画家之手。恰好被一位美国画商看中，这个美国人自以为很聪明，他认定：既然这三幅画都是珍品，必有收藏价值，假如买下这三幅画，经过一段时期的收藏肯定会大幅地涨价，那时自己一定会发一笔大财。他打定主意，无论如何也要买下这三幅画。

于是，他问那个印度人："先生，你带来的画不错，如果我要买的话，你看要多少钱一幅？"

"你是三幅都买呢，还是只买一幅？"印度人反问道。

"三幅都买怎么讲？只买一幅又怎么讲？"美国人开始算计了。他的如意算盘是先和印度人敲定一幅画的价格，然后，再和盘托出，把其他两幅一同买下，肯定能沾着点儿便宜，多买少算嘛！

印度人并没有直接回答他的问题，只是表情上略显难色。美国人却沉不住气了，他说："那么，你开个价，一幅要多少钱？"

这个印度人是一位地地道道的商业精，他知道这些画的价值，而且他还了解到，美国人有个习惯，喜欢收藏古董名画，他要是看上，是不会轻易放弃的，肯出高价买下。并且他从美国人的眼神中看出，这个美国人已经看上了自己的画，心中就有底儿了。

印度人于是装作漫不经心的样子回答说："先生，如果你真心诚意地买，我看你每幅给250美元吧！这已经够便宜了！"

美国画商并非商场上的庸手，他抓住多买少算的砝码，一美元也不想多出。于是，两个人讨价还价，谈判一下陷入了僵局。

那位印度人灵机一动，计上心来，装作大怒的样子，起身离开了谈判桌，拿起一幅画就往外走，到了外面二话不说就把画烧了。美国人很是吃惊，他从来没有遇到过这样的对手，对于烧掉的一幅画又惋惜又心痛。于是小心翼翼地问印度人剩下的两幅画卖多少钱！想不到烧掉一幅画后的印度人要价的口气更是强硬，两幅画少了750美元不卖。

美国画商觉得太亏了，少了一幅画，还要750美元。于是，强忍着怨气还是拒绝，只是要求少一点价钱。

想不到，那位印度人不理他这一套，又怒气冲冲地拿出一幅画烧了。这回，美国画商可真是大惊失色，只好乞求印度人不要把最后一幅画烧掉，因为自己太爱这幅画了。接着又问这最后一幅画多少钱。

想不到印度人张口还是750美元。这一回美国画商有点儿急了，问："三幅画与一幅画怎么能一样价钱呢？你这不是存心戏弄人吗？"

这位印度人回答："这三幅画出自于知名画家之手，本来有三幅的时候，相对来说价值小点儿。如今，只剩下一幅，可以说是绝宝，它的价值已经大大超过了三幅画都在的时候。因此，现在我告诉你，这幅画750美元不卖，如果你想买，最低得出价1000美元。"

听完后，美国画商一脸的苦相，没办法，最后以1000美元成交。

寄语青少年

任何一个有创造成就的人，都是战胜常规思维的高手。他们不被过去的思维所困扰，能突破常规思维的束缚，取得硕果。很多人抱怨思维受阻、灵感枯竭，拿不出好的创意，其实，思维没有界限，界限都是人在心里给自己设的。

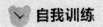

如何走出思维的死胡同

1. 不要迷信经验和常识

经验和常识可以帮助我们缩短探索的过程，少走很多弯路，但有时候也会把人们带进"习惯"的盲区。所谓"思维一转天地宽"，当思路受阻时，不妨丢弃经验，寻求没有先例的办法和措施去分析认识事物，从而获得新的认识和方法，从而锻炼和提高自己的认识能力。

2. 学会使用联想思维

如果你遇到一件棘手的事情，暂时找不到解决的办法，那么不妨采用联想法进行思考。科学上的许多发明都是人们靠着自然、生活中的联系法而发明出来的。青少年可以经常练习联想思维，比如列出一组词语，然后再让自己根据联系列出更多的词语，查看他们的关联，相信你了解许多值得思考的问题。

善于从鸡蛋里挑骨头

人世间最美妙绝伦的，就是思维的花朵。思考是才能的"钻机"，思考是创造的前提。

——西方民谚

1946年，犹太人麦考尔和他父亲到美国的休斯敦做铜器生意。20年后，父亲去世了，剩下他独自经营铜器店。

麦考尔始终牢记父亲说过的话："当别人说1加1等于2的时候，你应该想到大于2。"他做过铜鼓，做过瑞士钟表上的弹簧片，做过奥运会的奖牌。

然而，真正使他扬名的却是一堆不起眼的垃圾——美国联邦政府重新修建自由女神像，但是因为拆除旧神像扔下了大堆的废料，为了清除这些废弃的物品，联邦政府不得已向社会招标。但好几个月过去了，也没人投标。因为在纽约，垃圾处理有严格规定，稍有不慎就会受到环保组织的起诉。

麦考尔当时正在法国旅行，听到这个消息，他立即飞往纽约。看到自由女神像下堆积如山的铜块、铝片和木料后，他当即就与政府部门签订了协议。消息传开后，纽约许多运输公司都在偷偷发笑，他的许多同事也认为废料回收是一件费力不讨好的事情，况且能回收的资源价值也实在有限，这一举动未免有点愚蠢。

当大家都在笑话他的时候，麦考尔开始工作了。他召集一批工人，组织他们对废料进行分类：把废铜熔化，铸成小自由女神像；旧木料加工成女神像的底座；废铜、废铝的边角料做成纽约广场的钥匙；甚至从自由女神像上掉下的灰尘都被他包装起来，卖给了花店。

结果，这些在别人眼里根本没有用处的废铜、边角料、灰尘都以高出它们原来价值的数倍乃至数十倍的价格卖出，而且供不应求。不到3个月的时间，他让这堆废料变成了350万美元。他甚至把一磅铜卖到了3500美元，每磅铜的价格整整翻了10000倍。这个时候，他摇身一变成了麦考尔公司的董事长。

寄语青少年

麦考尔的成功之处，就在于把别人眼里的垃圾变为自己生财的聚宝盆。什么都可以成为商品，垃圾也不例外。

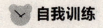 **自我训练**

锻炼自己变废为宝的能力

1. 练习自己的想象力，把自己家不用的废纸盒、旧报纸和塑料瓶改装成机器人模型、花瓶、小凳子、宠物窝等实用的东西。

2. 把家里的废品分类归置好，然后拿到废品收购站卖掉，再用换来的钱积攒起来以购置新的日常用品。

3. 用能找到的材料制作小礼物、小玩意儿送给自己的亲朋好友，用环保的形式表达对他们的感情。

相反的方向有钱赚

要想赚钱，就得打破既有的成见。

——犹太格言

被称为美容界"魔女"的英国人安妮塔，曾位列世界十大富豪之一，她拥有数千家美容连锁店。不过，安妮塔为这个庞大的美容"帝国"创造财富时，却反其道而行，从没有花过一分钱的广告费，这在当时被认为是一种不可理喻的举动。

安妮塔于1971年贷款4000英镑开了第一家美容小店。她在肯辛顿公园靠近市中心地带的市民区租了一间店铺，并把它漆成绿色。虽然美容小店的这种所谓"独创"的著名风格(众所周知，绿色属于暗色，用它做主色不醒目)的真实缘由完全出于无目的，但这种直觉的超前意识却是新鲜而又和谐的，因为天然色就是绿色。

美容小店艰难地起步了，在花花绿绿的现代社会里并不惹眼，而且尤为糟糕的是，在安妮塔的预算中，没有广告宣传费。

正当安妮塔为此焦虑不安时，她收到一封律师来函。这位律师受两家殡仪馆的委托控告她，要她要么不开业，要么就改变店外装饰。

原因是像"美容小店"这种花哨的店外装饰，势必破坏附近殡仪馆的庄严肃穆的气氛，从而影响业主的生意。安妮塔又好气又好笑。

无奈中她灵机一动，打了一个匿名电话给布利顿的《观察晚报》，声称她知道一个吸引读者扩大销路的独家新闻：黑手党经营的殡仪馆正在恫吓一个手无缚鸡之力的可怜女人——罗蒂克·安妮塔，这个女人只不过想在她丈夫准备骑马旅行探险的时候，开一家经营天然化妆品的美容小店维持生计而已。

《观察晚报》果然上当。它在显著位置报道了这个新闻，不少富有同情心并仗义的读者都来美容小店安慰安妮塔。由于舆论的作用，那位律师也没有来找麻烦。

小店尚未开业，就在布利顿出了名。开业初几天，美容小店顾客盈门，热闹非凡。然而不久，一切发生了戏剧性的变化：顾客渐少，生意日淡，最差时一周营业额才130英镑。事实上，小店一经营业，每周必须进账300英镑才能维持下去，为此安妮塔把进账300英镑作为奋斗的目标和成功与否的准绳。

经过深刻的反思，安妮塔终于发现，新奇感只能维持一时，不能维持一世，自己的小店最缺少的是宣传。在她看来，美容小店虽然别具风格，自成一体，但给顾客的刺激还远远不够，需要马上加以改进。

一个凉风习习的早晨，市民们迎着初升的太阳去肯辛顿公园，发现一个奇怪的现象：一个披着卷曲散发的古怪女人沿着街道往树叶或草坪上喷洒草莓香水，清馨的香气随着袅袅的晨雾，飘散得很远很远。她就是安妮塔——美容小店的女老板。她要营造一条通往美容小店的馨香之路，让人们认识并爱上美容小店，闻香而来，成为美容小店的常客。

她的这些非常奇特意外的举动，又一次上了布利顿的《观察晚报》的版面。无独有偶,当初美容小店进军美国时,临开张的前几周,纽约的广告商纷至沓来,热情洋溢地要为美容小店做广告。他们相信,美容小店一定会接受他们的热情,因为在美国,离开了广告,商家几乎寸步难行。

安妮塔却态度鲜明:"先生,实在是报歉,我们的预算费用中,没有广告费用这一项。"美容小店离经叛道的做法,引起美国商界的纷纷议论,纽约商界的常识:外国零售商要想在商号林立的纽约立足,若无大量广告支持,说得好听是有勇无谋,说得难听无异自杀。

敏感的纽约新闻媒界没有漏掉这一"奇闻",他们在客观报道的同时,还加以评论。读者开始关注起这家来自英国的企业,觉得这家美容小店确实很怪。这实际上已起到了广告宣传的作用,安妮塔并没有去刻意策划,但却节省了上百万美元的广告费。

到了后来,美容小店的发展规模及影响足以引起新闻界的瞩目时,安妮塔就更没有做广告的想法。但是当新闻界采访安妮塔或者电视台邀请她去制作节目时,她总是表现活跃。

安妮塔就是依靠这一系列的标新立异的做法使最初的一间美容小店扩张成跨国连锁美容集团。她的公司于1984年上市之后,很快就使她步入了亿万富翁的行列。安妮塔虽然没有向媒体支付过一分钱的广告费,但却以自己不断推出的标新立异的做法始终受到媒体的关注,使媒体不自觉地时常为其免费做"广告",其手法令人拍案叫绝。

寄语青少年

刚开始投资创业时,很多人会受到资金的限制,如果我们按常规的套路去经营,可能收效甚微。有时来点"离经叛道"的举动,反而会让你借上东风,迅速发展自己。

自我训练

如何锻炼自己的灵活思维

1. 学习生活中习惯对常识提出"为什么"这样的问题，积极寻找答案，最好打破沙锅问到底。敏而好学，不耻下问。积极听取他人的观点。

2. 选择优秀的推理小说阅读，从推理剧情里锻炼逆推的能力，并形成习惯。

3. 不害怕争论。如果有什么疑问，跟别人的观点相反，不要害怕，也不要盲目从众，最好能清清楚楚地争论一番，得出满意的结论。

把鞋子卖给赤脚的人

> 没有财富，地位和勇敢连海草都不如。
>
> ——贺拉斯

A公司和B公司都是生产鞋的，为了寻找更多的市场，两个公司都往世界各地派了很多销售人员。这些销售人员不辞辛苦，千方百计地搜集人们对鞋的需求信息，不断地把这些信息反馈给公司。

有一天，A公司听说在赤道附近有一个岛，岛上住着许多居民。A公司想在那里开拓市场，于是派销售人员到岛上了解情况。很快，B公司也听说了这件事情，他们唯恐A公司独占市场，赶紧也把销售人员派到了那里。

两位销售人员几乎同时登上海岛，他们发现海岛相当封闭，岛上的人与大陆没有来往，他们祖祖辈辈靠打鱼为生。他们还发现岛上的人衣着简朴，几乎全是赤脚，只有那些在礁石上采拾海蛎子的人为了避免礁石硌脚，才在脚上绑上海草。

两位销售人员一上海岛，立即引起了当地人的注意。他们注视着陌生的客人，议论纷纷。最让岛上人感到惊奇的就是客人脚上穿的鞋子。岛上人不知道鞋子为何物，便把它叫作脚套。

他们从心里感到纳闷：把一个"脚套"套在脚上，不难受吗？

A看到这种状况，心里凉了半截。他想，这里的人没有穿鞋的习惯，怎么可能建立鞋市场？向不穿鞋的人销售鞋，不等于向盲人销售画册，向聋子销售收音机吗？他二话没说，立即乘船离开了海岛，返回了公司。他在写给公司的报告上说："那里没有人穿鞋，根本不可能建立起鞋市场。"

与A的态度相反，B看到这种状况心花怒放，他觉得这里是极好的市场，因为没有人穿鞋，所以鞋的销售潜力一定很大。他留在岛上，与岛上的人交上朋友。

B在岛上住了很多天，他挨家挨户做宣传，告诉岛上人穿鞋的好处，并亲自示范，努力改变岛上人赤脚的习惯。同时，他还把带去的样品送给了部分居民。这些居民穿上鞋后感到松软舒适，走在路上，他们再也不用担心扎脚了。这些首次穿上了鞋的人也向同伴们宣传穿鞋的好处。

这位有心的销售人员还了解到，岛上居民由于长年不穿鞋的缘故，与普通人的脚型有一些区别，他还了解了他们生产和生活的特点，然后向公司写了一份详细的报告。公司根据这份报告，制作了一大批适合岛上人穿的鞋，这些鞋很快便销售一空。不久，公司又制作了第二批、第三批……B的公司终于在岛上建立了皮鞋市场，狠狠地赚了一笔。

同样面对赤脚的岛民，A认为没有市场，B认为有大市场，两种不同的观点表明了两人在思维方式上的差异。简单地看问题，的确会得出第一种结论。但我们赞赏后一位销售人员，他有发展的眼光，他能从"不穿鞋"的现实中看到潜在市场，并懂得"不穿鞋"可以转化为"爱穿鞋"。为此他进行了努力，并获得了成功。

面对同一种市场，不同的人会看到不同的前景，这需要敏锐的洞察力和独特的思维方式。

财富是一个人思考能力的产物。生活中，有很多人之所以能够成功、成为富人，就是因为他们懂得改变自己的思维方式，开阔视野。因而，我们在生活当中，也要积极地锻炼自己的思维能力，这样，在以后的生活当中，就能够敏锐地发现商机，成为一个高财商的人。

自我训练

叫卖的技巧

1. 面带微笑

无论是做什么买卖，只要面带微笑地叫卖，他的声音中总透着一股对产品和自己的信心，这样的叫卖声最能吸引顾客，给顾客许多的信任感。

2. 喊出产品的优势

如果产品的价格低于一般的同类产品，一定要向路人喊出你的"惊爆价"；如果产品的优势不在价格上，那就一定要强调出它的特点或吸引人之处。

3. 为产品赋予色彩

这里的色彩说的是在叫卖的时候注意把产品赋予鲜活的使用感。最好自己佩戴或现场使用，让产品和自己接触，让顾客感觉这样的产品很容易使用。

独特的"缺乏"

> 顾客买东西是因为真的需要它，而是你让他觉得需要这件产品。
>
> ——贺兰德

2001年5月20日，美国一位名叫乔治·赫伯特的推销员成功地把一把斧子推销给小布什总统。布鲁金斯学会得知这一消息，把刻有"最伟大推销员"的一只金靴子赠予他。这是自1975年以来，该学会的一名学员成功地把一台微型录音机卖给尼克松后，又一学员登上如此高的门槛。

布鲁金斯学会以培养世界上最杰出的推销员著称于世。它有一个传统，在每期学员毕业时，设计一道最能体现推销员能力的实习题，让学生去完成。克林顿当政期间，他们出了这么一个题目：请把一条三角裤推销给现任总统。八年间，有无数个学员为此绞尽脑汁，可是，最后都无功而返。克林顿卸任后，布鲁金斯学会把题目换成：请把一把斧子推销给小布什总统。

鉴于前八年的失败与教训，许多学员放弃了争夺金靴子奖，个别学员甚至认为，这道毕业实习题会和克林顿当政期间一样毫无结果，因为现在的总统什么都不缺少，再说即使缺少，也用不着他亲自购买。

然而，乔治·赫伯特却做到了，并且没有花多少工夫。一位记者在采访他的时候，他是这样说的："我认为，把一把斧子推销给小布什总统是完全可能的，因为布什总统在得克萨斯州有一所农场，里面长着许多树。于是我给他写了一封信，说：'有一次，我有幸参观您的农场，发现里面长着许多大树，有些已经死掉，木质已变得松软。我想，您一定需要一把小斧头，但是从您现在的体质来看，这种小斧头显然太轻，因此您仍然需要一把不甚锋利的老斧头。现在我这儿正好有一把这样的斧头，很适合砍伐枯树。假若你有兴趣的话，请按这封信所留的信箱，给予回复……'最后他就给我汇来了美元。"

乔治·赫伯特成功后，布鲁金斯学会在表彰他的时候说：金靴子奖已空置了26年，26年间，布鲁金斯学会培养了数以万计的推销员，造就了数以百计的百万富翁，这只金靴子之所以没有授予他们，是因为我们一直想寻找这么一个人，一个懂得通过思考去解决问题的人。因为思考是一个人所能拥有的最直接的财富。

寄语青少年

现实生活中，人们的需求实际上很大程度已经被满足了，那些不断涌现的新产品都是产品发明者让顾客以为自己需要的。所以，就连不必要存在的东西都会卖出好价钱，那么更多的，你需要思考的是如何解决面前的问题，而不是询问问题是否合理。

自我训练

自我暗示让自己继续思考

1. 应该用现在时态而不是将来时态进行暗示。比如你应该告诉自己"财富正在慢慢滚入我的钱袋"，而不是"我将来会发大财"。

2. 在对自己进行积极的心理暗示时，要选择你所需要的关键词，而并非是你不需要的。比如，你最好不要说"我要摆脱贫穷"，而应该说"我会变得富有"。

3. 你所设计的未来不能太缥缈，而应该具有可实现性。比如"我要在今年赚取500万"的想法可能连你自己都会产生矛盾和抗拒，那么不妨选择一个你心里认同并能接受的数字，比如50万。

4. 暗示的语言要简洁有力，不要在冗长的句子中消磨了斗志和激情。

5. 不断重复积极的意识刺激，并形成稳定的习惯。

自我暗示的力量让人相信我们可以用意志和语言改变自己，那些积极的词语和句子具有强大的驱动力，可以把头脑中的潜意识转化为成功的工具。要实现财富梦想、达到成功的目标，需要反复对自己做出积极的暗示，并在此基础上全力拼搏，不实现目标绝不罢休。

第六章
君子爱财，取之有道

财商训练营

做取财有道的青少年

当今社会，面对激烈的竞争，到处呈现一片弱肉强食的场面，很多人为了达到自己的目的，不择手段，这种"目的就是一切"的人生宗旨使得很多人迷失了方向。

跟着感觉走，更甚者会抱持过把瘾就死的态度，最终即使得到了财富，人生的意义却只得另当别论。

取财之路上应选择一条正确的适合自己走的路，一条指导自己人生宏观运行轨迹的路。财是养命之源，为了更好的生活，任谁都离不开它；但君子爱财，取之有道，这应该是每个在求财路上的人们的正确理念。

那么，该怎样做一个取财有道的青少年？

1. 切忌贪婪，一次只取走一个

贪婪的人很容易被眼前的利益所蒙蔽，看不到拿到更多之后的困境。青少年应该在日常生活中及早遏制自己贪婪的缺点。许多生活中的小事都可以检验和锻炼我们的意志。吃饭、喝水、看书、写作业等小事都要从行动上告诉自己：一次只盛一碗饭，喝水不要倒太满，看书只拿一本，写作业不急躁，字字工整。看起来是小事，却饱含着大道理。

2. 为别人打工

青少年要从小树立劳动光荣的观念，只有通过劳动才能换来金钱。选择自己合适的空余时间，找一份适合自己的兼职，送报纸、做家教、手工制作、饲养小动物等，都可以让自己了解赚钱的不易和正当途径。

3. 借鉴别人的财路，而不是阻碍别人的财路

当你发现了别人很好的赚钱方法，一定不要想办法去破坏，这样的做

法属于恶性竞争，最后自己也会遭遇同样的结果。最好的办法就是向对方学习，多方研究对策，积极应对自己受到的冲击。

4. 及时归还借来的东西

人一旦将借来的东西保留太久就容易生出懒惰的心理——过几天再还也不迟。这样的心理一不小心就会走到据为己有的邪路上。所以一旦借了别人的东西，用完马上归还，不给自己内心的邪念任何机会。

5. 无功不受禄，不轻易接受别人的财物

不论出于什么状况，青少年都不应该轻易接受别人给予的以财物的方式进行的答谢礼。我们应该认识到自己的付出是为了得到金钱而出卖的劳动，还是为了帮助而帮助的自愿行为。只要清楚了这两点，我们就应该明白不接受对方的财物是一种正确的选择。

6. 关注自己的东西

青少年要把自己的注意力放到自己已经拥有的东西上面，不要总是羡慕别人的东西，再羡慕它也不会变成自己的，把眼光收回来琢磨自己的现实状况。除非你从自己已经有的东西中出发，经营出更多的财富，才能让自己拥有的更多。

7. 把精力投入到智慧的积累中

青少年时期的我们还是容易贪玩的，但是我们要看到自己的生活和梦想，无论哪一个都离不开金钱。平时多看书、多实践，以生意人的标准来要求自己，让自己对金钱变得敏感，这样对日后的财商发展是有极大好处的。

取财切记戒贪

你若寻求财富，不如寻求满足，满足是最好的财富。

——萨迪

从前，一个想发财的人得到了一张藏宝图，上面标明在密林深处有一连串的宝藏。他立即准备好了一切寻宝用具，特别是他还找出了四五个大袋子用来装宝物。

一切就绪后，他进入那片密林。他斩断了挡路的荆棘，趟过了小溪，冒险冲过了沼泽地，终于找到了第一个宝藏，满屋的金币熠熠夺目。他急忙掏出袋子，把所有的金币装进了口袋。离开这一宝藏时，他看到了门上的一行字："知足常乐，适可而止"。

他笑了笑，心想：有谁会丢下这闪光的金币呢？于是，他没留下一枚金币，扛着大袋子来到了第二个宝藏，出现在眼前的是成堆的金条。

他见状，兴奋得不得了，依旧把所有的金条放进了袋子，当他拿起最后一条时，上面刻着："放弃了下一个屋子中的宝物，你会得到更宝贵的东西"。

他看了这一行字后，更迫不及待地走进了第三个宝藏，里面有一块磐石般大小的钻石。他发红的眼睛中泛着亮光，贪婪的双手抬起了这块钻石，放入了袋子中。他发现，这块钻石下面有一扇小门，心想，下面一定有更多的东西。于是，他毫不迟疑地打开门，跳了下去。谁知，等着他的不是金银财宝，而是一片流沙。

他在流沙中不停地挣扎着，可是他越挣扎陷得越深，最终与金币、金条和钻石一起长埋在流沙下了。

寄语青少年

生活中的我们应该明白：即使你拥有整个世界，你一天也只能吃三餐。

这是人生思悟后的一种清醒，谁真正懂得它的含义，谁就能活得轻松，过得自在，白天知足常乐，夜里睡得安宁，走路感觉踏实，蓦然回首时没有遗憾！

❤ 自我训练

如何遏制内心的贪念

1. 时常把自己当作贪念受害人来想象

这样做是为了让自己感同身受到由于贪念而遭遇的痛苦。比如为了求满而被热水烫伤，为了求多而暴饮暴食吃坏了肚子等，这些痛苦可以提醒自己做人做事要多多收敛。

2. 保持用凉水洗脸的习惯

不论冬夏，这样的方法可以从生理上锻炼你贪图安逸而保守不前的习性，多加练习就会锻炼出坚定的意志。

占小便宜吃大亏

> 世间许多人都是因为没有长远的眼光、没有坚定的意志，才让小便宜遮住了双眼。
>
> ——犹太格言

格兰顿斯还没有大学毕业就退学来到了华盛顿谋生。到了华盛顿，他才发现工作并不是很好找，尤其是像他这样一点工作经验都没有的更是难找。眼看着口袋里的钱越来越少，格兰顿斯着急了，再找不到工作，就得喝西北风了。

这天，格兰顿斯去了一家工厂面试，没想到竟然被录取了，并且让他第二天就来上班。格兰顿斯高兴极了，哼着小曲往回走。刚走到马路边，猛然就看到地上有一个类似银行卡的东西，他好奇地捡了起来，还真是一张银行卡，背后竟然还有名字和密码。

格兰顿斯四处张望了一下，发现没人看自己。刚好看到旁边有一个自动取款机，格兰顿斯按捺不住内心的激动，把卡插进去试了试上面的密码，竟然是对的！格兰顿斯一查余额，只有75美元。虽然钱不多，但也是钱啊。可是只有75美元，自动取款机只能取出100美元的，而他又不敢去银行去取。

格兰顿斯拿着卡回到了住处，左思右想，他还是决定再往里面存25美元，然后再取出来，虽然麻烦点，但是好歹能赚点。说干就干，格兰顿斯找到了那家银行，往里面存了25美元。在柜台的时候，格兰顿斯的心都快跳出来了，生怕自己露出破绽。

当天，格兰顿斯并没有去取钱。后来上班后，工作比较忙，格兰顿斯渐渐地忘了这事。有一天他准备把衣服送去洗的时候，发现了兜里的卡，这才想起来。他十分懊恼，认为钱一定被卡主人取走了，但是他还不死心，于是专门跑去查了一下，他发现密码没变，而且卡上的钱也原封没动。

格兰顿斯放心了。原来这张卡没人用了！那自己也省去了办卡的麻烦，这张卡就算是自己的了。

月底的时候，厂里发工资了，这还是格兰顿斯第一次自己赚钱，他很开心。于是他没想太多就把钱存到了那张卡上。

几天后，格兰顿斯准备取钱买东西，他便拿着卡去取钱。但是格兰顿斯傻眼了，原来卡上的钱竟然不翼而飞了，只剩下几块钱了。

无奈之下，格兰顿斯只好报警了。警察告诉格兰顿斯，这是一种新的骗局，就是为了欺骗那些像格兰顿斯那样爱贪小便宜的人。

天上掉馅饼，免费的午餐，那当然是好事情。但是世间万事，皆有其理。当馅饼在天上飞的时候，当午餐在打出免费招牌的时候，我们能不占便宜就尽量不要去占便宜。即使馅饼是真的免费，那也要尽量让给更需要的人。如果能立定此心，则无论如何，也不会像格兰顿斯一样，有苦都无处可诉。

自我训练

如何克服财商劣性

1. 做任何与钱相关的行为都不可大意

不论是平时钱的存放，借贷的票据，还是投资和理财的项目，都不可掉以轻心，管理好钱款和票据是最基本的财商要素。

2. 不要为贪图小便宜就轻信别人

不要为了在买和卖上贪图便宜就听信别人的推销、投资信息等，记住，他们是赚你钱的人。

不义之财不可取

> 并非有钱就是快乐，问心无愧心最安。
>
> ——证严法师

乾隆年间，苏州城有一个姓李的人，每天清早起来去市场卖菜，赚来的钱用来赡养母亲。一天清晨，他在路上捡到一个包袱，由于一时找不到失主便将其带回了家。

等他回到家里打开一看，里面竟然有一袋银子，数了一下有50两。这让他很吃惊，赶忙叫来了母亲。

母亲看了大为惊奇，说："你是一个穷人，每天凭自己能力所得不过才百钱，这是自己的本事。现在突然得到这么多的钱，恐怕你会有不好的事情发生啊，而且丢失钱的人可能遭到鞭刑责骂，甚至可能有人会逼他偿还这笔钱从而逼死他。"母亲催促他回到捡钱的地方等待。他刚到捡拾银子的地方，这时刚好一个人到了，那个人对姓李的人说自己丢了银子。姓李的人相信了他的话，便把包袱还给了他。

那人拿着包袱就要走，这时路旁的人都责怪他没有感谢李姓男子。众人要他拿出一部分银子酬谢李姓男子，那个人不肯，还狡辩说："我的包袱里本来有55两银子，他却从其中藏匿了5两，这样的人又何必给他酬谢呢？"听了这话，姓李的人受不了了，说他是好心当成驴肝肺。众人不知内情，便都议论开了，对二人指指点点。

这时，刚好一个县官路过此地，县官问了事情的原委。这时，县官发现说自己丢银子的那人的眼光闪烁，不敢直视自己。县官心中疑惑，于是独自将姓李的人叫到一边，问了他一些详细的问题，他一一回答了。

问道丢银子的人，他支支吾吾地说不清楚。很快地，县官就明白了是怎么一回事。于是他假装对卖菜的李氏发怒，打了他五板子，并说如果还敢用谎话骗人、不说出真相的话，一定治他的罪。拿银子的那人被这场面吓坏了，心里发虚，最后只好承认自己只因一时贪念，想发不义之财，才假说银子是自己丢的。

县官为表扬李姓男子，当场免了他五年的赋税，然后押着那个骗银子的人离开了。百姓无不拍手称快。

有道是，"君子爱财，取之有道"，财富、钱财、利益、好处，谁都喜欢，谁都爱，但是，不属于你的东西千万不能强要，如果强要，千方百计地想得到它，那就是不义之财。如果是不义之财，强行得到了，心里也不踏实。不义之财，总有东窗事发的那一天，即使没有败露，心里也可能是惶惶不可终日。

自我训练

锻炼寻觅财富的好心态

1. 摒弃一夜暴富的心态

没有付出就不会有回报，所以，年轻人要收起那些可以一夜暴富的美梦，那不仅是不可能的，甚至是危险的。

2. 摒弃虚荣炫耀的心态

财富是流水，它就像光阴一样是流动的，如果拥有财富而不珍惜，反而挥霍无度，肆意炫耀，总有一天你会悄无声息地失去它们。

3. 摒弃坐吃山空的心态

如果不继续劳动、投资、经营的话，你就不会有长久存在的财富。你的财富会被别人以各种方式带走：购物、税款、社交等。为了长久地占有财富，你需要不断付出，维持财富的增长。

坦然面对诱惑

躲不过诱惑的老鼠只会成为猫的猎物。

——西方民谚

南宋时期，有一个秀才叫黄裳。他不仅学问高，而且还是一个诚实的人。

一次，父亲派他到城里办事。夜晚，黄裳就在一家小客店里住了下来。由于赶了一天的路，黄裳觉得很疲倦，洗漱一下就熄灯上了床，准备美美地睡上一觉。

刚躺在床上，黄裳觉得腰部好像有什么东西硌着，用手一摸，席子下面有一个硬邦邦的东西。他翻身下床，揭开席子，借着月光一看，原来是一个装着东西的布袋子。

黄裳心里琢磨，一定是前面住店的客人忘在这里的东西，就点亮灯想看一看里面装的是什么。他解开系布袋口的绳子，随手把布袋子往桌上一倒，只听见"哗啦"一声，黄裳立刻惊呆了：原来从布袋里倒出来的是一堆珍珠，足有上百颗，有几颗还滚落到地上。

黄裳连忙把掉在地上的珍珠捡起来，又把桌子上的珍珠收到布袋里。他担心有遗落在地上的，就又在床下、桌下仔细搜寻了一番，确定再没有失落的，这才把布袋口扎好，放在枕头底下。

他熄了灯，重新上床睡觉，可是睡意全无。黄裳心想，我快20岁了，还没见过这么多珍珠，我该怎样处理这些珍珠呢？

他反复地问自己，最后他决定还是想办法把珍珠还给它的主人。

第二天一早醒来，黄裳收拾好东西准备上路，临行前，他对店主说："如果有人到贵店来找珍珠，请他到城里来找我。"接着，他详细地说出了自己在城里的地址。

他到城里没过几天，就有人来找他，说自己是遗失珍珠的人。

黄裳说："珠子确实在我这里，但是我们得找个地方对证一下，防止被人冒领。"于是，他们来到官府，当堂对证。那人说了珠子的数目，官府的官员亲自数了珠子后，和那人说的一点儿不差，这才当堂把装有珍珠的袋子还给失主。

失主非常感激黄裳，当场送他几颗珠子作为谢礼。黄裳说："谢谢你的好意，我要是想要珠子的话，你就一颗也得不到了。我既然把珠子还给你，就一颗也不会要的！"

这事传扬出去，人们都称赞黄裳是个诚信君子，是个德才兼备的书生。

寄语青少年

财商是指一个人理财的智慧，它不仅仅包括如何理财，还包括人格、品德和诚信等方面的内容。诚实守信是一种美德，诚信的品德是比黄金珠宝更贵重的东西。拾金不昧也是一种美德，它与诚实守信密切相关。一个不讲诚信的人绝不会有拾金不昧之举，一个拾金不昧的人则往往是一个诚信之人。

自我训练

如何做一个诚实的人

1. 不对自己说谎

不对自己说谎的意思是，先要充分面对自己的想法和观念，对自己的内心想法不遮掩，坦诚面对。

2. 不对他人说谎

真实表达自己的喜怒哀乐，不要背地里一套表面上一套，说话要表里如一。

3. 为自己订立行为准则

为自己的行为和观念定好原则，所有的行为都不能触碰到这些底线。做到为人办事有原则，就会给别人留下诚实可靠的印象。

有可为，有可不为

钱财乃身外之物，人格是立身之本。

——西方民谚

有个犹太妇女购买东西，当她从百货公司回到家里从袋中取出东西时，忽然发现里面有一枚戒指。她并没有买这东西。她把此事告诉了小儿子，并带着孩子一起去找拉比，请教怎样处理此事。

拉比给他们讲了《塔木德》中的一则故事：

有位拉比平日靠砍柴为生，每天要把砍的柴从山里背到城里去卖。拉比为了节省走路的时间，决定买一头驴。

拉比向阿拉伯人买了一头驴牵回家。徒弟们看到拉比买了头驴回来，非常高兴，就把驴牵到河边去洗澡，结果驴脖子上掉下来一颗光彩夺目的钻石。徒弟们高兴得欢呼雀跃，认为从此可以脱离贫穷的樵夫生活，可是拉比却让他们赶快去街上把钻石还给阿拉伯人。拉比说："我买的只是驴子，而没有买钻石。我只能拥有我所买的东西，这才是正当行为。"

阿拉伯人非常惊奇："你买了这头驴，钻石在驴身上，你实在没有必要拿来还我。你为什么要这样做呢？"拉比回答："这是犹太人的传统。我们只能拿支付过金钱的东西，所以钻石必须归还给你。"

阿拉伯人听后肃然起敬。

听罢这则故事，妇人立即决定回去把戒指还给百货公司。拉比告诉她："如果对方问你退还戒指的原因时，你只需说一句话就行：'因为我们是犹太人。'请带着孩子一块去，让他见证这件事。他一定会将自己母亲的正直与伟大铭记于心。"

从此故事得到的启示：犹太人对待金钱是很有原则的。正所谓"君子爱财，取之有道"。犹太商人最重道义，对于金钱，他们坚持取之有道，从不用手段去骗钱。从意识层面来说，对利益的追求应该受到一定的制约，有所节制。

🐻 自我训练

如何过有节制的生活

首先，清点自己的生活需求，哪些是可以通过更加简单的方法代替？真的需要那么多品牌服装吗？看上去好用的小工具真的使用过吗？清理不用的物品，让生活更简约。

接着，你要清理自己的屋子，把你发现的需要扔掉的产品记录下来，下次采购生活必需品的时候就要注意，不要再出现同样的问题。

只拿心安理得的钱

多余的财富只能买到多余的东西。金钱并不一定买得到一件灵魂的必需品。

——梭罗

战国时代，孟子名气很大，许多他国的仰慕人士都纷纷到府上拜见他。

因此他的府上每日宾客盈门，其中大多是慕名而来的求学问道之人。

有一天，孟子府上接连来了两位神秘人物，一位是齐国的使者，一位是薛国的使者。对这两位贵客，孟子自然不敢怠慢，小心周到地接待他们，生怕出了差错让他们不高兴。

这天宴客完毕，齐国的使者给孟子带来赤金100两，说是齐王所赠的一点小意思。孟子见其没有下文，坚决拒绝齐王的馈赠。使者怎么说服，孟子就是不为所动，使者不得不灰心丧气地离开了。

隔了一会儿，薛国的使者也来求见。他给孟子带来50两金子，说是薛王的一点心意，感谢孟先生在薛国发生兵难的时候帮了大忙。孟子吩咐手下人把金子收下。左右的人都十分奇怪，不知孟子葫芦里装的是什么药。

陈臻对这件事大惑不解，他问孟子："齐王送你那么多的金子，你不肯收；薛国才送了齐国的一半，你却接受了。如果你刚才不接受是对的话，那么现在接受就是错了，如果你刚才不接受是错的话，那么现在接受就是对了。"

孟子回答说："都对。在薛国的时候，我帮了他们的忙，为他们出谋设防，平息了一场战争，我也算个有功之人，为什么不应该受到物质奖励呢？而齐国人平白无故给我那么多金子，是有心收买我，君子是不可以用金钱收买的，我怎么能收他们的贿赂呢？"

孟子不收不义之财，因为他明白收受贿赂，自己就将永远受制于人。人生的辩证法是无情的，有得必有失，想得到更多，反而失去更多。过于贪心的人不仅享受不到"一口井"给自己带来的幸福，弄不好还会把自己的生命也搭进去。

寄语青少年

爱财之心人皆有之，而君子爱财，取之正道。这样的财来得心安理得，来得理所当然，对自己、对他人都没有坏处，用起来自然身心舒坦，别人也无从挑剔。青少年应当树立对贿赂的警惕心理，不属于自己的劳动成果，坚决不要染指。

 自我训练

如何修为道德品质

1. 多读圣贤书

我国古代的许多圣贤都在向人们传播安身立命的道德品质，他们有许多的事迹和警言告诉后人要善良正直。孔子、孟子、墨子等先贤的著作都应该纳入青少年的阅读范围，并多加效仿。

2. 找到自己的道德榜样

榜样的力量是无穷的。了解自己的榜样，从生活的点滴开始做起，向自己榜样的精神世界看齐，让自己榜样的光环照亮自己。

第七章

所有人都要懂的经商术

财商训练营

做掌握经商智慧的青少年

经商术是世界上的从事商业运作的商人经过几千年的经验而沉淀出来的谋取财富的智慧规则。经商术不是一成不变的，它的核心精神就在于灵活运用资源达到利益最大化。只要不违背法律和触及道德底线，所有的经营手段都可以用来扩大利益。不过还是存在一些所有做生意的人都应该知道的基本经商术。

青少年处于财商智慧积累和锻炼的阶段，这个时候也应该积极了解一些商人常用的经商术和赚取财富的智慧经验。从小积累、锻炼，等到自己有能力独立操作的时候，就不会因为理论不足而感到步履维艰了。

下面，我们就向青少年介绍一些应该基本掌握的经商术：

1. 了解基本的经济学、投资学基础

经济社会的运行法则是客观而规律的，青少年在掌握经商术之前必须有必要的经济学知识作为储备。从最基本的大众社会经济学基础开始了解供求关系、价格规律等内容，为掌握经商术做好理论准备。

2. 把合同放到第一位

经商的人都是与人打交道的，为了合作的顺利人们发明了契约——合同。青少年应当建立对合同的庄严性认识，没有合同的履行，生意双方就无法完成任何财富的往来。日后当自己独立从事商业经营活动，无论与多么熟悉的朋友有金钱上的来往，都要订立契约，让彼此都把诚意放到纸上。

3. 保护自己的声誉

经营产品在很大的程度上也是经营一种形象、品牌、声誉。青少年要从现在开始让自己从点滴生活开始，注意维护好自己的形象：诚信、踏

实、干练、灵活等，这些积极向上的词语应当成为自己的座右铭或进步目标，不要做伤害名誉的事情，它是你做生意的另一份本钱。

4. 把自己当顾客，揣摩消费心理

财富是来自购买产品的人——消费者。了解他们的消费心理对于销售来说是最好的制订销售方案的前提。阅读消费心理学的书籍，从理论上了解消费心理的原理；调查身边朋友、父母的消费理念，总结消费心理特征，这是青少年可以为自己的经商事业做的早期准备。

5. 调查周边商店的销售策略

青少年可以利用课余时间走上街头，走进商店，调查商家都使用了哪些销售策略，记录在案。然后自己回去琢磨其中的经济原理。过一段时间再出去做同样的调查，看看前段时间的策略是否行之有效。经过这样的锻炼和思考，青少年会自觉地建立起销售的意识。

6. 把握流行趋势

青少年可以时常关注财经新闻、时尚新闻等时事性质的信息。看书、读报、听广播都要注意抓住当下的流行趋势，思考、表达最新的理论和资讯。这样的锻炼可以让青少年把握时代脉搏，成为睁眼看世界的聪明商人。经商，就是要做当下人的生意，必然要了解当下人们的消费心理趋向。把握住流行的趋势可以先人一步登上财富的机遇之舟。

多想一步，赚独一份的钱

无论以何种方式赚钱，都必须为自己争取到足够宽广的生意空间。

——芬尼斯

有个很聪明的年轻人，他想赚钱，于是就跟着村里人一起来到山上，开山凿石。

当别人把石块砸成石子，运到路边，卖给附近建造房屋的人时，这个年轻人竟直接把石块运到码头，卖给杭州的花鸟商人了。因为他觉得这儿的石头奇形怪状，卖重量不如卖造型。

就这样，这个年轻人很快就富裕起来了，三年后他在村子里盖起了第一座漂亮的瓦房。

后来，不许开山了，只许种树，于是乡亲们都种上桃树、梨树等果树，唯有这个年轻人却种上柳树。大家都不解其意。过了几年，果树开始结果了，当地的水果汁浓肉脆，香甜无比。漫山遍野的水果引来了四面八方的客商，乡亲们有堆积如山的鸭梨、蜜桃等水果，却苦于没有装水果的筐。

这个时候有人想到了种柳树的小伙子。大家纷纷感叹：幸好卖石头的小伙子种了柳树。小伙子其实在很早的时候就想到：来这儿的客商不愁挑不上好水果，只愁买不到盛水果的筐。自己正好可以不用以竞争为风险而独占一份市场。如今长成的柳树正好可以把柳条砍下来编成筐，让大家的水果可以整车整车地运往北京、上海，然后再发往韩国和日本。

当然，小伙子也获得了丰厚的收入，五年后，他成了村子里第一个在城里买商品房的人。

创造财富的故事还没有结束。

再后来，一条铁路从这儿贯穿南北。这儿的人上车后，可以北到北京，南抵九龙。小小的山庄更加开放了，乡亲们由单一的种果树卖水果起步，开始发展果品加工和市场开发。就在乡亲们开始集资办厂的时候，这个年轻人却又在他的地头，砌了一道三米高百米长的墙。

这道墙面朝铁路，背倚翠柳，两旁是一望无际的万亩果园。坐火车经过这里的人，在欣赏盛开的梨花、桃花时，会醒目地看到四个大字：可口可乐。据说这是五百里山川中唯一的一个广告。那道墙的主人仅凭这道墙，每年又有4万元的额外收入。

"智慧就是财富"，这是拿破仑·希尔在遍访当时美国最成功的500多位富豪之后得出的一个致富的秘诀。中国一位传奇的民营企业家也有句名言："没有做不到，只有想不到"。

自我训练

财富目标的制订需要的技巧

1. 目标要具体。如收入目标、健康目标、业绩目标，无论什么目标都应该具体化。

2. 目标应可量化。如在设定收入目标时，你可以制订"年薪为10万"或者"年薪增加5万"的目标，而不要说"我要使收入有所增加"。

3. 目标要具有挑战性。目标是用来超越的，而不是用来达成的，没有挑战性的目标很难激发人的热情，即使达成了也常常没有太大的意义。

4. 要大小结合，长短结合。既要设定长远目标、大目标，又要设定短期目标、小目标。成功就是每天进步一点点。一般来说，短期目标、小目标比较容易完成，实现目标能增加自己冲刺下一个目标的信心和动力；而长期目标、大目标引导着人生的方向，更是不可忽视。

5. 目标的实现要有时间限制。设定目标如果不设定时限是没有意义的，人都有惰性，也易养成拖延的习惯。目标没有时限，人就没有压力，没有压力也就没有动力。

欲取之，先予之

商战是没硝烟的战场，最终的赢家，往往是那些善于运用智慧的人。

——犹太格言

从前，有一位贵族，很喜欢收藏古董。他备有两个仓库，一个仓库放的是赝品，而真品则放在二号仓库。古董店的老板一有新货，就会把东西带到那个贵族家。当然其中有真品也有赝品。但是，贵族从不计较，只说声谢谢，便照单全收。不过他会告诉管家，哪些古董该放一号库，哪些该放二号库。

明知是赝品还付钱，表面上看起来，好像吃亏了，其实不然，因为这么一来，古董店认为对方带给自己赚钱的机会，所以，一有真正的好货，就会拿到贵族那里。因而，这个贵族收集到很多好古董。如果当初他不愿让对方赚钱，就无法收集到这么多珍贵的东西，当然更别奢望赚钱了。

做生意与古董业一样，每个人都是因为自己能赚钱才肯和对方合作，如果总吃亏而不赚钱，当然就不用谈了。最好的方案是能让自己赚到钱，也能让别人赚到钱，这样彼此才会努力协作往来，获利也才会更多。

洛斯查尔德家族的开创者麦雅，当初是一位犹太穷孩子，做着古钱币和徽章收藏的小买卖。在生意场上遭受种种歧视和碰了一次次壁的经历告诉麦雅：做生意必须具有一定的地位和身份，这样才能挣大钱，才能不受别人轻视。

麦雅经过三番五次的努力，终于打通了通往宫廷的门径。

一天，他获准晋见当地的领主毕汉姆公爵。麦雅趁此机会，以牺牲血本的超低价格向公爵推销珍贵的徽章和古钱币。公爵正在兴头上，一股脑儿地买下了麦雅推荐的徽章和古钱币。但此时这位20岁的犹太小商人似乎并没有引起公爵的注意。

麦雅的目标不是这一笔买卖，也不全是长期买卖，而是要通过建立长期买卖抓住公爵这个人，他认为公爵对他将会有更大的用处。他不断地以超低价格的方式向公爵推销古钱币和徽章。这样收集和买卖终于成为公爵的一大嗜好。

而麦雅呢？损失了许多经济利益，却牢固了和公爵的关系，并且深深赢得了公爵的信任。他经常替公爵兑换一些汇票，再后来，他掌握了公爵的部分财产处理权，并在25岁的时候荣获了"宫廷御用商人"的头衔，实际上也就解除了许多套在犹太人身上的枷锁。麦雅整整为公爵效力了20年。

在法国大革命期间，麦雅协助公爵进行金融活动，为公爵赢得了不少利益。他把巨额资金借给那些正缺乏军费的君主和贵族以赚取定额利息，同时他还进行军火交易。很快地，珠宝、借据、期票等便堆满了他的金库。

当然，麦雅不会忘了自己的家族、自己的身份。他大力施展自己的商业才华，在战乱年代，他为家族赢得了巨额资产。他利用公爵的关系为其后来建立犹太金融帝国打下了坚实的基础。在后来的岁月里，将金钱、心血和精力押宝般地投注到某一特定人物身上的做法，已成为洛斯家族最基本的战术。

寄语青少年

先舍后得，为了自己的长期利益暂时放弃一些近期利益。实践证明，麦雅的确做对了。现在，以"欲取之，先予之"的方法推销，在世界各地已非常普遍。

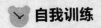 **自我训练**

赢得顾客好感的技巧

1. 适当的退步

实际上，不论是在你做生意还是为人处世的时候，适当的"降价"、退步会让对方感到欣慰，会不由自主地放低对你的戒备心，接下来你的生意或者交流就会变得容易多了。

2. 不吝啬赞美的话

不要把赞美的话当作阿谀奉承，因为大部分时候只要你善于发现，你会看到对方许多好的地方。我们之所以总是看不到是因为我们自己太过狭隘。"天生我材必有用"说的也是同样的道理，没有人是一无是处的。多夸奖对方的优点，他就会自动跟你靠近。

记住，世上没有无用的东西

枯燥的风景都是一样的，只有善于发现的人才会看出绚丽。

——凯迪斯

日本"水泥大王"浅野总一郎也是一个善于利用一切资源、白手起家的典范。他23岁时穿着破旧不堪的衣服，失魂落魄地从故乡富士山走到东京来。因身无分文，又找不到工作，他有一段时间每天都处在半饥饿状态之中。正当他走投无路时，东京的炎热天气启发了他："干脆卖水算了。"

他灵机一动，便在路旁摆起了卖水的摊子，生财工具大部分都是捡来的。"来，来，来，清凉的甜水，每杯1分钱。"浅野大声叫喊。果然，水里加一点糖就变成钱了。头一天所卖的钱共有6角7分。简单的卖水生意使这位历尽千辛万苦的青年不必再挨饿了。

浅野后来说："在这个世界上没有一件无用的东西，任何东西都是可以利用的，只要有利可图，就赶紧去做。"浅野卖了两年水，25岁时已赚了一笔为数不少的钱，于是开始经营煤炭零售店。

30岁时，当时的横滨市长听说浅野很会使看似无用的东西产生价值，就召见他说："你是以很会利用废物闻名的，那么人的排泄物你也有办法利用吗？"

浅野说："收集一两家的粪便不会赚钱，但是收集数千人的大小便就会赚钱。"

市长问："怎么样收集呢？"

浅野说："盖个公共厕所，我做给你看，好不好？"

这样，浅野就在横滨市设置63处日本最初的公共厕所，因而，他就成了日本公共厕所的始祖。厕所盖好之后，浅野把处理粪便的权利以每年4000日元的价格卖给别人，两年后日本最初的人造肥料公司成立了。也许你会感到震惊，设立日本最大的水泥公司——浅野水泥公司的资金，是从这些公共厕所的粪便上赚来的！

寄语青少年

浅野日后成为了大企业家，就是由于他对任何事都能够好好地加以利用。也就是说：人在困境时是一个绝好的机会，反而能给予他一个转机，使他产生无比的勇气，使他更加聪明，更加能勇往直前。因此，对人生厄运不应恐惧，应感谢才是。

✔ 自我训练

思考大企业家为什么注重品牌价值

1. 你读出一件物品，然后自己想尽办法列举出熟悉的品牌名，例如：鞋子的牌子、牙膏的牌子、巧克力的牌子、饮品的牌子等。

2. 从你列举的品牌中思考：这些跨国公司属于哪些国家？这些跨国公司的产品原产地在哪里？（可从商品的包装纸上找出，如没有，可讨论其他原因）

接着请思考下面的问题

1. 跨国公司通常是否只出产一种商品？它们是否会以不同的牌子去推销同一类商品？

2. 如果由少数跨国公司控制了大量同类食品或消费品的加工和销售，会有什么后果？消费者和生产者会受到什么影响？

3. 如何塑造品牌？

多数人在消费时，都会注重品牌的选择。品牌是企业经营的无形资产，它的核心价值是标准和技术，进而构建消费者对品牌的认可和品牌营销系统。优秀商人懂得借助航空母舰般的"品牌资本"在行业中制订标准和塑造企业品牌形象，从而最大化地占有市场份额。

活用一切有利条件

> 最昂贵的钻石总是藏在不易被发现的地方。

——犹太格言

自从传言有人在萨文河畔散步时无意发现金子后，这里便常有来自四面八方的淘金者。的确，有一些人找到了，但另外一些人因为一无所得而只好扫兴离去。

也有不甘心落空的，便驻扎在这里，继续寻找。彼得·弗雷特就是其中的一员。他在河床附近买了一块没人要的土地，一个人默默地工作。他把所有的钱都押在这块土地上。他埋头苦干了几个月，翻遍了整块土地，但连一丁点金子都没看见。

六个月以后，他连买面包的钱都快没有了。于是他准备离开这儿到别处去谋生。就在他即将离去的前一个晚上，天下起了倾盆大雨，并且一下就是三天三夜。雨终于停了，彼得走出小木屋，发现眼前的土地看上去好像和以前不一样：坑坑洼洼已被大水冲刷平整，松软的土地上长出一层绿茸茸的小草。

"这里没找到金子，"彼得忽有所悟地说，"但这土地很肥沃，我可以用来种花，并且拿到镇上去卖给那些富人，装扮他们华丽的客堂。那么有朝一日我也会成为富人……"彼得仿佛看到了将来："对，不走了，我就种花！"

于是，他留了下来。他花了不少精力培育花苗，不久，田地里长满了美丽娇艳的各色鲜花。他拿到镇上去卖，那些富人很乐意付少量的钱来买彼得的花，以便使他们的家庭变得更加富丽堂皇。五年后，彼得终于实现了他的梦想——成了一个富翁。

同样是淘金的故事。

十九世纪中叶，发现金矿的消息从美国加州传来。17岁的亚默尔也成为庞大的淘金队伍中的一员，他历尽千辛万苦，赶到加州。淘金梦的确很美，做这种梦的人比比皆是，而且还有越来越多的人纷至沓来，一时间加州遍地都是淘金者,而金子变得越来越难淘。

不但金子难淘,生活也越来越艰苦。当地气候干燥,水源奇缺,许多不幸的淘金者丧身此处。小亚默尔经过一段时间的努力,和大多数人一样,不但没有发现黄金,反而被饥渴折磨得半死。

一天,望着水袋中一点点舍不得喝的水,听着周围人对缺水的抱怨,亚默尔忽发奇想:淘金的希望太渺茫了,还不如卖水呢。于是亚默尔毅然放弃寻找金矿的努力,将手中挖金矿的工具变成挖水渠的工具,从远方将河水引入水池,用细沙过滤,成为清凉可口的饮用水。然后将水装进桶里,挑到山谷一壶一壶地卖给找金矿的人。

当时有人嘲笑亚默尔,说他胸无大志:"千辛万苦地到加州来,不挖金子发大财,却干起这种蝇头小利的小买卖,这种生意哪儿不能干,何必跑到这里来?"

亚默尔毫不在意,不为所动,继续卖他的水。结果,淘金者都空手而归,而亚默尔却在很短的时间靠卖水赚到几千美元,这在当时已经是一笔非常可观的财富了。其实,每个人都有一些无法改变的条件,比如眼睛的颜色、身材的高低、出身背景等。

寄语青少年

聪明人就是善于活用一切,其中很重要的一条就是他们能适应环境,灵活运用一切有利条件,充分发挥自己的潜能。

❤ 自我训练

如何应对不利条件

1. 独自解决

面对不利局面的时候是发挥你聪明才智的最好机会。准备好你的口才、调查、法律规范等文件去找你的对手谈判吧，把他说服下马才是解决问题的最终途径。

2. 寻求帮助

如果自己不具备解决问题的可能，这个时候是运用你人脉的时刻了。调动平时积累的人脉关系，让他们为你出谋划策、沟通关卡，要比你自己主动出马快得多。

不要轻信任何人

商战是没有硝烟的战场，最终的赢家，往往是那些善于运用智慧的人。

——犹太格言

洛克菲勒的父亲叫威廉，他曾经说过："我希望我的儿子们成为精明的人，所以，一有机会我就欺骗他们。我和儿子们做生意，而且每次只要能诈骗和打败他们，我就绝不留情。"

威廉无疑是想通过这件事告诉儿子：世界是复杂的，不要轻信任何人。每个人，哪怕是最亲近的人，都可能成为你的敌人。

有意思的是多年之后的洛克菲勒的确亲自实践了父亲那种精明的骗术，为自己赢得了巨额的财富。

在19世纪初，德国人梅里特兄弟移居美国定居密沙比。他们无意中发现密沙比是一片含铁丰富的矿区。于是，他们秘密地大量购进土地，并成立了铁矿公司。洛克菲勒后来也知道了，但由于晚到了一步，只好等待时机。

1837年，机会终于来了。由于美国发生了经济危机，市面银根告紧，梅特里兄弟陷入了窘境。

一天，矿上来了一位令人尊敬的本地牧师，梅特里兄弟赶紧把他迎进家中，待作上宾。

聊天中，梅特里兄弟的话题不免谈到了自己的困境，牧师连忙接过话题，热情地说：

"你们怎么不早告诉我呢？我可以助你们一臂之力啊！"

梅特里兄弟大喜过望，忙问："你有什么办法？"

牧师说："我的一位朋友是个大财主。看在我的情面上，他肯定会答应借给你们一笔款子。你们需要多少？"

"有42万就行。你真的有把握吗？"

"放心吧，一切由我来办。"

梅特里兄弟问："利息多少？"

梅特里兄弟原本认为肯定是高息，但他们也准备认了。

谁知牧师道："我怎么能要你们的利息呢？"

"不，利息还是要的，你能帮我们借到钱，我们已经非常感谢了，哪能不付利息呢？"

"那好吧，就算低息，比银行的利率低2厘，怎么样？"

两兄弟以为是在梦中，一时呆住了。

于是，牧师让他们拿出笔墨，立了一个借据：

"今有梅特里兄弟借到考尔贷款42万元整，利息3厘，空口无凭，特立此据为证。"

梅特里兄弟又把字据念了一遍，觉得一切无误，就在字据上签了名。

事过半年，牧师再次来到了梅特里兄弟的家里。他就对梅特里兄弟说："我的那个朋友是洛克菲勒，今天早上他来了一封电报，要求马上索回那笔借款。"

梅特里兄弟一时间毫无还债的能力，于是无可奈何地被洛克菲勒送上了法庭。

在法庭上，洛克菲勒的律师说："借据上写得非常清楚，被告借的是考尔贷款。"

考尔贷款是一种贷款人随时可以索回的贷款，所以它的利息低于一般贷款利息。按照美国的法律，一旦贷款人要求还款，借款人要么立即还款，要么宣布破产。

于是，梅特里兄弟只好选择宣布破产，将矿产卖给洛克菲勒，作价52万元。

几年之后，美国经济复苏。洛克菲勒以1941万元的价格把密沙比矿卖给了摩根，而摩根还觉得做了一笔便宜生意。

寄语青少年

"切忌轻信"实是犹太商人从活生生的商业活动中得出的高级生意经，而其适用范围竟然已经到达潜意识层次。只有一个发明了精神分析学的民族的商人，才会在这种极其细微、极不容易觉察的地方，有如此清晰的认识，并且驾轻就熟、游刃有余。这真是一条保持内心平衡，不被他人策动的生意经。

自我训练

生财之道

相邻的甲国和乙国交恶。某日甲国宣布："今后，乙国的1元钱只折合我国的9角。"乙国于是采取对等措施，宣布："今后，甲国货币的1元钱只能折合成我国货币的9角。"

住在边境的某个人想利用这个机会赚一笔，他成功了。

请你想一想，他是怎么做到的呢？

解答： 首先，这个人在甲国购买10元钱的东西，然后支付一张甲国的百元纸币，然后要求找给乙国的百元纸币。这是因为本来应该找给他90元甲国的纸币，而这90元的甲国货币刚好可以折合为乙国的100元。

之后，他再拿着这张乙国的百元纸币到乙国去购买10元钱的东西，同样再要求用甲国的百元纸币找零。

他两次购买东西后，手中就会有两份价值10元的东西和一张甲国的百元纸币。如果他的这种购买行为一直不断进行下去，手中价值10元的东西也就越来越多了，并且他手中始终持有一张甲国或者乙国的百元纸币。

返利，经营的秘诀

抓住顾客的需求是商人成功的重要因素

——犹太格言

约翰的母亲不幸辞世，给他和哥哥约瑟留下的是一个可怜的杂货店。微薄的资金，简陋的小店，靠着出售一些罐头和汽水之类的食品，一年节俭经营下来，收入微乎其微。

他们不甘心这种穷困的状况，一直寻找发财的机会，有一天，约瑟问弟弟："为什么同样的商店，有的人赚钱，有的人赔钱呢？"弟弟回答说："我觉得是经营的问题，如果经营得好，小本生意也可以赚钱。"

可是经营的诀窍在哪里呢？

于是他们决定到处看看。有一天，他们来到一家便利商店，奇怪的是，这家店铺顾客盈门，生意非常好。这引起了兄弟二人的注意，他们走到商店的旁边，看到门外有一张醒目的红色告示写道："凡来本店购物的顾客，请把发票保存起来，年终可凭发票，免费换领发票金额5%的商品。"

他们把这份告示看了几遍后，终于明白这家店铺生意兴隆的原因了：原来顾客就是贪图那年终5%的免费购物。他们一下子兴奋了起来。

他们回到自己的店铺，立即贴上了醒目的告示："本店从即日起，全部商品降价5%，并保证我们的商品是全市最低价，如有买贵的，可到本店找回差价，并有奖励。"

就这样，他们的商店出现了购物狂潮，他们乘胜追击，在这座城市连开了十几家门市，占据了几条主要的街道。从此，凭借这"偷"来的经营秘诀，他们兄弟的店迅速扩张，财富也迅速增长，成为远近闻名的富豪。

寄语青少年

一个人成功与否掌握在自己手中。思维既可以作为武器，摧毁自己，也能作为利器，开创一片属于自己的未来。精明的想法是可以借鉴的，如果你改变了自己的思维方式，像亿万富翁一样思考，你的视野就会开阔无比，最终成为富人；如果你一味坚持穷思维而不思改变，那么你只能继续穷下去了。

自我训练

你是"富翁胚子"吗

如果你要和另外三个人共同乘坐一辆出租车，通常会选择哪一个位子？
A.司机旁边的位子
B.后排中间的位子
C.后排右边的位子
D.后排左边的位子

分析结果：

选A：你很理智，懂得遵守市场规律，不会出现判断失误的情况。如果你真的遇到了生意上的麻烦，你会理智地选择放弃，然后再去寻找新的生意目标。你总能镇定自若，不会因一些突发事件而手忙脚乱，因此，你会总有一天会实现发财梦的。

选B：你并不适合做生意，因为你内心脆弱，无法承受生意中出现的挫折与危机，更无法很好地去处理问题化解矛盾。你适合选择做一项你喜欢的较为稳定的工作，过安详平和的生活。

选C：你可能是家中的老大，做事喜欢精心策划，你非常细心，会在花钱之前想到一切后果。你对任何突发的危机都会有所准备。如果你发现不放弃会使利益减少的时候，你会义无反顾地放弃。

选D：你是一个封闭自我且自以为是的人。你的固执会让你在追求梦想时用尽全力，但你也需要在做事的过程中审时度势。学会选择放弃也不失明智之举。

"亏本"发暗财

> 暂时地放弃一些利益，是为了得到更多的利益。
>
> ——《塔木德》

一条街上有两家电影院，在市场不太景气的情况下，两家影院的老板都在使出浑身解数招揽顾客。路南的影院推出了门票八折优惠，路北的影院接着就来了个五折大酬宾。对于顾客来说，同样情况下当然都愿意去花钱少的影院，于是，路北的影院生意兴隆，路南的影院门庭冷落。

路南影院的老板不甘坐以待毙，于是一赌气，干脆来了个"跳楼大甩卖"——门票打两折。按照当地消费水平和行业常规，影院门票五折以下已经毫无利润可言了，路南影院打两折的目的是为了把对手彻底挤垮，然后好再进行价格垄断，谁知他们刚刚把顾客拉过来，路北的影院接着就推出了门票一折优惠，并且每人另送一包瓜子。

哪有这样做生意的，门票打一折是一元钱，一包瓜子少说也得一元，这等于是白看电影呀。路北影院的老板是不是疯了？路南影院的老板惊得直吐舌头。但顾客可不管老板是不是疯了，有这样天上掉馅饼的好事绝对不能错过，于是顾客纷至沓来，影院天天爆满。

这回路南影院的老板实在没有勇气参加竞争了，便宣告倒闭，关门了事。

大家都以为路北影院这时会恢复竞争之前的状态，没想到这个送瓜子的"赔本生意"却一直坚持了下来。

半年多的时间过去了，路北影院的老板买了奥迪轿车，房子也换成了高档别墅，一副发了大财的样子。原路南影院的老板对此百思不解。为了弄清真相，他便通过朋友打探路北老板的经营秘诀。

在费了一番周折之后，他终于弄清了事情的真相。路北影院一元的票价要赔钱，送瓜子更是赔钱，但送的瓜子是老板从厂家定做的五香瓜子，看电影的人吃了瓜子后，必然会口渴，于是老板便派人不失时机地卖饮料，饮料和矿泉水的销量大增——放电影赔钱、送瓜子赔钱，但饮料却给老板带来了高额利润。

寄语青少年

这家影院老板实际上是采用了"声东击西"的赚钱术。商海中有人赚钱在明处，有的人则像这位影院老板一样，采取了隐藏利润点、迂回赚钱的策略。利润点隐藏得好，顾客认为你做的是"赔本生意"，他便会觉得自己花的钱值，从而也就会痛快地掏腰包。声东击西、闷声发财，实际上蕴含着科学经商的大智慧。

住宿费用问题

有三个人去住旅馆，他们分别住在三间房，每间房每晚收费10元，于是他们一共付给老板30元。 第二天早上，老板觉得他们三个人住的三间房只需要25元就够了，于是叫伙计退回5元给这三位客人。谁知伙计贪心，只退回给每人1元，自己偷偷留下了2元，这样一来就相当于三位客人每人花了9元，三个人一共花了27元，再加上伙计偷偷藏起来的2元，总共是29元。可是当初他们三个人一共付了30元的费用，另外1元去哪儿了？

解答：一共付出的30元费用包括27元（老板收下的25元加上伙计偷藏的2元）和每人退回的1元（共3元），拿27和2元相加，这个概念纯属混淆视听。

第八章

让小积累变成大财富

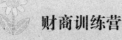

做懂得积累的青少年

从概念上讲，积累是为了将来发展的需要，逐渐聚集起有用的东西，使之慢慢增长、完善的过程。大凡成功之人都深谙积累之道，了解积累对于财商的重要性。

财富的积累离不开金钱的积累。当金钱处于分散的状态时，也许没有什么威力。但当金钱由少成多地聚集起来时，成千上万的金币就会发挥巨大的力量。"九层之台，起于垒土"，"千里之行，始于足下"。没有谁是一夜暴富的，只有踏踏实实、认认真真做事的人，积少成多，才会变得富有。

那么，接下来就告诉青少年一些应该懂得的积累智慧。

1. 机会只给有储蓄的人

对于成年人来说，如果你没有钱，而且也尚未养成储蓄的习惯，那么，你就永远无法使自己获得赚钱的机会。几乎所有的财富，不管是大是小，它的真正起点就是养成储蓄的习惯。因此，青少年要懂得将身边的财富积攒起来，从小钱做起，没准哪天机会找上门来也不至于做没准备的战斗。

2. 不要花光自己最后一块钱

《财箴》中说："可以将小麦借给佃户做种子，但做种子的小麦不可食用。"青少年本来积攒的财富数目就不大，再加上日常同学之间的礼尚往来等花费，储蓄起来的钱很容易就走向"破产"。尽量不要让自己的口袋空空如也，无论何时都要保有适当的钱财，以防备各种不时之需。

3. 理财要趁早

青少年不要因为手头上的钱不多就选择不理财，相反，理财一定要趁早。青少年树立理财观念，着手从身边的小钱做起，给自己制订短期目标以及长期目标，按照自己的计划行动，不仅有利于青少年良好的消费习惯的建立，同时有助于培养青少年的投资理财能力。

4. 用爱心的名义存钱

青少年可以专门将一段时间内的零花钱，以献爱心的名义存起来，积累到一定数量以后选择合适的捐献渠道，为需要的人献上自己的爱心，不要计较钱的多少，但一定要是自己点滴积累起来的。

5. 量力而行，让你的支出永远不要超出你的收入

青少年在消费的过程中，要根据自己储蓄的实际情况斟酌行事，凡是量力而行，切忌花光自己全部钱财而转向别人借钱，这是不合理消费的导火线。最好不要选择奢侈品等价格昂贵的商品，而应选择适合青少年消费范围之内的进行购买。

6. 尝试参与家庭理财，了解生活成本

参与家庭理财是青少年激发理财潜能、增强理财能力的重要步骤。青少年年纪小，手中积累不足，家庭理财便是其发展自己理财能力的试验场。青少年可以通过参与家庭理财，了解柴米油盐的价格，了解家中每个月的生活成本，在理财的实践中获取经验和知识。

努力挤出新财富

使劲努力的人会在路的尽头看到上帝的垂青。

——犹太格言

有一位犹太青年来到费城，进入一家印刷厂工作。他的一位同事在一家储蓄公司开了一个户头，养成了每周存款的习惯。

在这位同事的影响下，这位犹太青年也在这家储蓄公司开了户头。三年后，他有了900美元的存款。这时，他所工作的这家印刷厂发生财务困难，面临倒闭的噩运。他立刻拿出这900美元来挽救这家印刷厂，也因此获得了这家印刷厂一半的股份。

他采取了严密的节约制度，协助这家工厂付清了所有的债务。到了今天，由于他拥有一半的股份，所以每年可从这家工厂里拿到25000多美元的利润。

好多犹太富翁都是省钱的高手。大财阀洛克菲勒，以前只是一位普通的簿记员，他想到了要发展石油事业，在那时候，石油甚至还不被认为是一种事业。他急需资金，由于他已养成了储蓄的习惯，而且也已被证明能够维护其他人的资金，因此，他在没有任何困难的情况下，借到了他所需要的资金。

洛克菲勒财富的真正基础，就是他在担任周薪只有40美元的簿记员时所养成的储蓄习惯。

存钱纯粹是习惯的问题。人经由习惯的法则，塑造了自己的个性，这个说法是极为正确的。任何行为在重复做过几次之后，就变成一种习惯。而人的意志也只不过是从我们的日常习惯中成长出来的一种推动力量。

一种习惯一旦在脑中固定形成之后，这个习惯就会自动驱使一个人采取行动。例如，如果遵循你每天上班或经常前往的某处地点的固定路线，过不了多久，这个习惯就会养成，不用你花脑筋去思考，你的头脑自然会引你走上这条路线。更有趣的是，即使你在动身之初是想前往另一方向，但是如果你不提醒自己改变路线的话，那么，你将会发现自己不知不觉中又走上原来的路线了。

养成储蓄的习惯，并不表示将会限制你的赚钱能力。正好相反——你在应用这项法则后，不仅将把你所赚的钱有系统地保存下来，也使你步上更大机会之途，并将增强你的观察力、自信心、想象力、进取心及领导才能，真正增加你的赚钱能力。

对于智慧的人来说，他的财富只是暂时放在别人的口袋里，由他人保管而已。任何事情只要经过精心的策划，按照步骤有序地进行下去，就一定能够实现。

自我训练

让储蓄变成一种习惯

对于青少年来说，要想使储蓄成为一种习惯，并不如想象中的那么难，只要你平时能较好地控制自己的消费行为，把合理开销之外的零花钱放入储蓄罐，积攒起来，几个星期之后再一起存入银行账户，久而久之，你将会有惊喜的发现。

存钱，等待下一个多头年代

有一分钱花一分钱，到了寒冷的冬天，吃一份麦子便少一份麦子。

——西方民谚

一个刚踏入社会、月薪仅能维持日常生活的唱片公司小宣传员，从没想过自己在10年后，会是一个拥有几十万美元资产的小富婆。但更没料到，她的小富婆梦只维持不到一个月的时间就破灭了。这样戏剧性的变化，并没有打倒现任荷银投信的凯蒂那。一路走来，她认为存钱就是最基本的投资，只要还有赚钱及存钱能力，即使是暂时的投资失利，也不怕没有本钱等待多头来时东山再起。

从小，凯蒂那就很喜欢钱被握在手里的感觉，她记得母亲送给她一个存钱罐，只要一有零用钱，她总是习惯性地存到存钱罐里，看着里头的钱越存越多，就觉得很开心。一直到念高中时，有一天，她竟然发现自己是全班最有钱的人，一方面得意，另一方面也更强化继续存钱的动机。

家境富足的凯蒂那，考上大学后也开始打工赚钱，不过她的目的不是为了学费，而是将所得存起来。由于本身没有太多物质上的欲望，工作的收入，她一定存一半，这样的习惯一直维持到她大学毕业后。

凯蒂那的第一份工作是唱片公司的宣传员，不久后转换职位担任记者。随着薪水的增加，她的钱也越存越多，于是开始寻找投资渠道。由于当时股市走的是多头行情，凯蒂那只要一存够钱，就会进场投资，买了多少张股票她也不清楚。直到1999年11月底，有一天，朋友开玩笑地问她："凯蒂那，你有没有算过自己有多少资产？"她才把所有的存款、股票及基金账户翻出来，以当天的市价算一算，竟高达1400多万新台币。

然而水能载舟亦能覆舟，不到一个月的时间内，凯蒂那在股市栽了一个大跟斗，让她损失数百万新台币，加上之后全球股市一路下跌，没设停损点的她，财产也跟着大幅缩水。

投资失利后，近3年来凯蒂那更是意识到薪水的重要性，借着不断地投资自己、提升自己在职场上的价值，凯蒂那现在认为存薪水最稳。只要自己还有赚钱、存钱的能力，留得青山在，不怕没柴烧。

虽然投资很重要，但脚步却要走稳，而积累资金一开始最笨的方法就是存钱。基础打稳了，下一步要怎么飞就看你的表现了。

自我训练

如何管好你的零用钱

青少年管好自己的零花钱并不是什么难事，只需要你尽量做到如下的几个方面：

一是要培养正确的金钱观，加强自己的相关素养，努力培养勤俭节约、合理消费的习惯；

二是在满足了自己合理的消费需求之余，还要学会适量控制不当的消费，尽量减少不必要的支出，如超前消费、为攀比而消费、过度享乐式的消费等；

三是要努力让储蓄成为一种良好的习惯，最好是能从小开一个银行账户，将平时剩余的零花钱积攒起来。

省钱赚得大便宜

什么时候都不能忘记节俭的品质，这品质的颜色是金色的。

——西方民谚

一位犹太大富豪走进一家银行。"请问先生，您有什么事情需要我们效劳吗？"贷款部营业员一边小心地询问，一边打量着来人的穿着：名贵的西服、高档的皮鞋、昂贵的手表，还有镶宝石的领带夹子……

"我想借点钱。"

"完全可以，您想借多少呢？"

"1美元。"

"只借1美元？"贷款部的营业员惊愕得张大了嘴巴。

"我只需要1美元。可以吗？"

贷款部营业员的心头立刻高速运转起来，这人穿戴如此阔气，为什么只借1美元？他是在试探我们的工作质量和服务效率吧？便装出高兴的样子说："当然，只要有担保，无论借多少，我们都可以照办。"

"好吧。"犹太人从豪华的皮包里取出一大堆股票、债券等放在柜台上，"这些做担保可以吗？"

营业员清点了一下，"先生，总共50万美元，做担保足够了，不过先生，您真的只借1美元吗？"

"是的，我只需要1美元。有问题吗？"

"好吧，请办理手续，年息为6％，只要您付6％的利息，且在一年后归还贷款，我们就把这些作保的股票和证券还给您……"

犹太富豪走后，一直在一边旁观的银行经理怎么也弄不明白，一个拥有50万美元的人，怎么会跑到银行来借1美元呢？

他追了上去："先生，对不起，能问您一个问题吗？"

"当然可以。"

"我是这家银行的经理,我实在弄不懂,您拥有50万美元的家当,为什么只借1美元呢?"

"好吧!我不妨把实情告诉你。我来这里办一件事,随身携带这些票券很不方便,便问过几家金库,要租他们的保险箱,但租金都很昂贵。所以我就到贵行将这些东西以担保的形式寄存了,由你们替我保管,况且利息很便宜,存一年才不过6美分……"

经理如梦方醒,但他也十分钦佩这位先生,他的做法实在太高明了。

聪明的商人只采用了"横向思维"和"反向思维"的方法,就取得了常人意料不到的效果。一个成功的投资者的思维方式不应仅仅是顺时针的。

自我训练

吝啬鬼买面

有一个吝啬鬼去饭店吃饭,他点了份一元钱的清汤面。面上来之后,他又要求把面换一碗两元钱的西红柿鸡蛋面。

服务员对他说:"你还没有付钱呢!"

吝啬鬼说:"我刚才不是付过了嘛!"

服务员说:"刚才你付的是一元钱,而你吃的这碗面是两元钱的,还差一元呢!"

吝啬鬼说:"不错,我刚才付了一元钱,现在又把值一元钱的面还给了你,不是刚好吗?"

服务员说:"那碗面本来就是店里的呀!"

他说:"对呀!我不是还给你了吗?"

这么简单的账怎么就弄糊涂了呢？吝啬鬼真的不需要付钱了吗？

解答： 在这笔糊涂账中，关键在于第一次的一元钱已经"变"成了面条。吝啬鬼还应该再付一元钱。

千万资产从一枚铜钱开始

> 攒钱是为明天有饭吃，赚钱是为了明年有饭吃。
>
> ——民间古谚

在古代梵授王在波罗奈治理国家的时候，有个小商人，聪明睿智，具有一定的经营本领。

有一天，他在大街上捡到一只老鼠，便决定用它作资本做点买卖。他把老鼠送给一家药店铺，得到一枚铜钱。然后他用这枚铜钱买了一点糖浆，又用一只水罐盛满一罐水。

他看见一群制作花环的花匠从花园里采花回来，便用勺子盛水给花匠们喝，每勺里搁一点糖浆。花匠们喝后，每人送给他一束鲜花。他卖掉这些鲜花，第二天又带着糖浆和水罐到花园里去。花匠临走时，又送给他一些鲜花。

他用这样的方法，不久便积聚了八个铜币。

有一天，风雨交加，花园里满地都是狂风吹落的枯枝败叶，园丁不知道怎么清除它们。

这个小商人走到那里，对园丁说："如果这些断枝落叶全归我，我可以把它们打扫干净。"

园丁同意道："先生，只要你愿意，你就都拿去吧。"

这青年走到一群玩耍的儿童中间，分给他们糖果，顷刻之间，他们帮他把所有的断枝败叶捡拾一空，堆在花园门口。

这时，皇家陶工为了烧制皇家餐具，正在寻找柴火，看到花园门口这堆柴火，就从青年手里买下运走。这天，青年通过卖柴火得到十六个铜币和水罐等五样餐具。

他现在已经有二十四个铜币了，心中又想出一个主意。他在离城不远的地方，放置了一个水缸，供应五百个割草工饮水。

这些割草工说道："朋友，你待我们太好了，我们能为你做点什么呢？"

"等我需要的时候，再请你们帮忙吧！"他四处游荡，结识了一个陆路商人和一个水路商人。

陆路商人告诉他："明天有个马贩子带五百匹马进城来。"

听了陆路商人的话，他对割草工们说："今天请你们每人给我一捆草，而且，在我的草没有卖掉之前，你们不要卖自己的草，行吗？"

他们同意道："行！"随即拿出五百捆草，送到他家里。马贩子来后，走遍全城，也找不到饲料，只得出一千个铜币买下这个青年的五百捆草。

几天后，水路商人朋友告诉他："有条大船进港了。"

他又想出了一个主意。他花了几个铜币，临时雇了一辆备有侍从的车子，冠冕堂皇地来到港口，以他的指环印作抵押，订下全船货物，然后在附近搭了个帐篷，坐在里面，吩咐侍从道："当商人们前来求见时，你们要通报三次。"

大约有一百个波罗奈商人听说商船抵达，前来购货，但得到的回答是："没你们的份了，全船货物都已包给一个大商人了。"

听了这话，商人们就到他那里去了。侍从按照事先的吩咐，通报三次，才让商人们进入帐篷。一百个商人每人给小商人一千个铜币，取得船上货物的分享权，然后又每人给他一千个铜币，取得全部货物的所有权。

由于小商人巧妙经营，在很短的时间内，获得了二十万铜币，成了远近闻名的富商。

在日常生活中，某些人在思维过程中的跨度总是很大，能够海阔天空地想方法；而有些人则缺少应有的思维广度，只能在事物本身的框框内绕来绕去，思路总是打不开，在他们的头脑中，老鼠永远只是老鼠。

自我训练

千万资产从明天开始

创富比盖房更需要蓝图。人生计划决定一生的方向，制订未来十年、五年、三年的计划；最接近此刻的长期计划是一年；最后是一月、一周、一天。

1. 定出一生大纲：你这辈子要做什么？当然有很多事，只能定出个大概。你必须认真选择自己所喜欢做的事。

2. 20年大计：有了大概的人生方向，就可以制订细节。第一步是20年。定下这20年内你要成为什么人，有哪些目标要完成。然后想想从现在起，十年后你要成为什么样的人。

3. 十年目标：20年大计一定要20年才能完成吗？不一定，你越富有，就越快达到目标。

4. 五年计划：只需要一台计算器和几秒钟时间，你就知道五年内要赚多少钱。

5. 三年计划：三年是重要的一环，一生大计通常只是简单的方向，而三年计划是最重要的决定点。

6. 明年计划：这是你每周至少要检视一次的工作计划。每年都要有计划，尽量简单扼要，以数字为主，比如，赚得的金额、认识的人数等。12个月的计划不是论文，而是行动大纲。

7. 下月计划：认真地执行下个月的计划。以每月15号开始算起，是最适合的日子。

8. 下周计划：对大多数人而言，这是实现计划的关键所在。

9. 明日计划：明天6件最重要的事。

别被20年大计吓倒了。好好写下来，修改是难免的。定计划是件愉快的事，而非一项任务，如果你的计划是一串上升的数字，你很快会对它发生兴趣。

像这样筹集700万美元

除非你惧怕很多的钱，否则你没有理由不为它忙碌起来。

——犹太格言

1968年春，罗伯·舒乐博士立志在加州用玻璃建造了一座水晶大教堂，他向著名的设计师菲力普·强生表达了自己的构想：

"我要的不是一座普通的教堂，我要在人间建造一座伊甸园。"

强生问他预算，舒乐博士坚定而坦率地说："我现在一分钱也没有，所以100万美元与400万美元的预算对我来说没有区别，重要的是，这座教堂本身要具有足够的魅力来吸引捐款。"

教堂最终的预算为700万美元。700万美元对当时的舒乐博士来说是一个不仅超出了能力范围也超出了理解范围的数字。

当天夜里，舒乐博士拿出一页白纸，在最上面写上"700万美元"，然后又写下了10行字：

一、寻找一笔700万美元的捐款

二、寻找7笔100万美元的捐款

三、寻找14笔50万美元的捐款

四、寻找28笔25万美元的捐款

五、寻找70笔10万美元的捐款

六、寻找100笔7万美元的捐款

七、寻找140笔5万美元的捐款

八、寻找280笔2.5万美元的捐款

九、寻找700笔1万美元的捐款

十、卖掉1万扇窗户，每扇700美元

60天后，舒乐博士用水晶大教堂奇特而美妙的模型打动富商约翰·可林捐出了第一笔100万美元。

第65天，一位倾听了舒乐博士演讲的农民夫妻，捐出第一笔1000美元。

90天时，一位被舒乐博士孜孜以求精神所感动的陌生人，在生日的当天寄给舒乐博士一张100万美元的银行本票。

8个月后，一名捐款者对舒乐博士说："如果你的诚意和努力能筹到600万美元，剩下的100万美元由我来支付。"

第二年，舒乐博士以每扇500美元的价格请求美国人认购水晶大教堂的窗户，付款办法为每月50美元，10个月分期付清。6个月内，一万多扇窗户全部售出。

1980年9月，历时12年，可容纳一万多人的水晶大教堂竣工，成为世界建筑史上的奇迹和经典，也成为世界各地前往加州的人必去瞻仰的胜景。

水晶大教堂最终造价为2000万美元，全部是舒乐博士一点一滴筹集而来的。

寄语青少年

不是每个人都要建一座水晶大教堂，但是每个人都可以设计自己的梦想。每个人都可以摊开一张白纸，敞开心扉，写下10个甚至100个实现梦想的途径。

很多事情就是从一张纸、一支笔以及一个清单开始的。从零开始有各种好处，其中之一就是可以瞎想，并且如果你有恒心毅力和足够的坚持，某些瞎想是可以实现的。

 自我训练

如何利用一元钱

1. 选择一天，自己随身仅仅携带一元钱出门，要求自己晚上回家之前一定要让一元变成两元，甚至更多。通过这个行为来锻炼自己的赚钱头脑。

2. 每次购物找出的钢镚全部存起来，经过一段时间检查自己的成果，你一定会为自己存下的数量表示惊讶。

用一元钱展现精明

每赚进十个钱币，至多只花掉九个——你至少要留一块钱的本钱。

——菲尔斯

哈同是旧中国闻名上海滩的"大班"，控制着大上海一半以上的房地产，财富难以计数。但是，这个闻名一时、富甲一方的犹太大亨，刚到中国时却一文不名。

当时，年仅24岁的犹太人哈同尾随嘴叼雪茄的洋商与身带枪炮的洋鬼子，流浪到了旧中国的大上海。当时，他一贫如洗，靠他父亲在上海的老朋友介绍，才勉强到沙逊洋行混了个看门的差事，住在又脏又臭的勤杂工宿舍。

看门本是一个不能发财的下等差事，可哈同一干上就不一样了。虽说只干了几天，可他对洋行上下却了如指掌，特别是他还熟知，那些来洋行办事的，大多是来谈烟土等黑货生意的，于是他脑袋一晃，就想出了一个发财的鬼点子。

　　这之前，前来办事的只需和门卫打个招呼就被放进去，这回哈同的工作方法改变了。他在门口放了一本登记簿，来客一律要先登记，然后坐在门口的长凳上等候，按顺序进门。这下可把那些烟土商急坏了，因为他们急于将黑货出手。

　　有些机灵的商人，猜透了哈同的用意，便拿出1元钱，轻轻塞入哈同手中，恳求道："我有急事，能不能通融一下？"哈同马上到里面跑一趟，出来说："请进吧。"

　　当排在前面的人提出质问时，他就会用刚学的中国话说："他的生意比你们的紧急。"

　　久而久之，其他的商人也看出窍门来了，于是也在登记时塞给他1元钱。有个别的生意较大，需"货"较急的，还多加2元钱，要求"插号"。

　　这一看门方式的改变，不仅使哈同一天能多收入二三十元的外快，而且还给营业部管事留下一个聪明能干的好印象。因为，以前这位管事的办公室里，从早到晚总是挤满了客户，他们争先恐后地谈生意，吵得管事头晕目眩。

　　忽然从某一天起，客商们秩序井然地有进有出，而且几乎所有大买卖都排在前头。管事起初颇感纳闷，特意抽空去门口侦察了一番，才知"原来如此"，不觉对哈同另眼相看："这个犹太青年聪明能干，让他做看门人，岂不是大材小用！"

　　不久，营业部管事就找哈同谈话，表扬他工作认真、聪明能干，并问哈同对洋行业务有何高见。哈同怎肯放过这个在上司面前表现的机会，忙说："我看，用抵押的办法可以扩大营业额。"这话一下就说到了管事的心坎上。用抵押、用期票，不仅可以增大营业额，而且大有发挥的余地。

　　就这样，哈同很快就得到了上司的赏识，并像坐直升机般被提拔为业务管事、领班及行务员，直到最后成为旧上海首屈一指的富豪。

　　想到一个关键的"鬼点子"，就是打开一扇通往财富的窗户；把握一个蕴藏在商机中的细节，就赢得了向前发展的资本。在创造性思维的快车道上，细节总是备受创新者瞩目。练就一双慧眼，不放过任何"猎物"，你就能在风起云涌的竞争中留下搏击的痕迹。

自我训练

社交小技巧

1. 为了给别人留面子，有时候要揣着明白装糊

　　这往往能够让别人感受到你的宽容和大度，也会给自己减少许多不必要的麻烦。

2. 事无不可对人言

　　这是指你所做的事，并不是必须全部向别人宣布，尤其是向陌生人。清醒的人，往往只说三分话，其余几分是不必说、不该说的关系，这是一种自我保护和防守的方式。

3. 学会倾听

　　社交活动中，许多人都喜欢愿意倾听的人。因为这样你就给了别人许多表达的空间。所以青少年在社交活动中可以多多听取别人的看法，给自己积累和善的印象。

发挥一元钱的繁殖能力

> 不要小看所有的货币，不论它面值大小，它都是你财富的组成部分。
>
> ——西方民谚

曾经雄心勃勃的祥子，终于破产了，所有的东西都被拍卖得一干二净。现在口袋里的一元钱及回家的车票，是他所有的资产。

从深圳开出的143次列车开始检票了，他百感交集。"再见了！深圳。"一句告别的话，还没有说出，就已经泪流满面。

"我不能就这样走。"在跨上车门的那一瞬间，祥子又退了回来。火车开走了，他留在了月台上，在口袋里悄悄撕碎了那张车票。

深圳的车站是这样繁忙，你的耳朵里可以同时听到七八种不同的方言。他在口袋里握着那一元硬币，来到一家商店门口，五毛钱买了一只儿童彩笔，五毛钱买了4只"红塔山"的包装盒。在火车站的出口，他举起一张牌子，上书"出租接站牌(一元)"几个字。当晚，祥子吃了一碗加州牛肉面，口袋里还剩了18元钱。5个月后，"接站牌"由4只包装盒发展为40只用锰钢做成的可调式"迎宾牌"。火车站附近有了他的一间房子，手下有了一个帮手。

三月的深圳，春光明媚，此时各地的草莓蜂拥而至。10元一斤的草莓，第一天卖不掉，第二天就只能卖5元，第三天就没人要了。此时，祥子来到近郊一个农场，用出租"迎宾牌"挣来的1万元，购买了3万只花盆。第二年春天，当别人把摘下的草莓运进城里时，祥子栽着草莓的花盆也进了城。不到半个月，3万盆草莓销售一空，深圳人第一次吃上了真正新鲜的草莓，他也第一次领略了1万元变成30万元的滋味。

要吃即摘，这种花盆式草莓，使祥子拥有了自己的公司。他开始做贸易。他异想天开地把谈判地点定在五星级饭店的大厅里。那里环境优雅且不收费。两杯咖啡，一段音乐，还有彬彬有礼的小姐，祥子为没人知道这个秘密而兴奋，他为和美国耐克鞋业公司成功签订贸易合同而欢欣鼓舞。

总之，祥子的事业开始复苏了，他有一种重新找回自己的感觉。

一元钱，在许多人看来刚刚够买一杯水，而在有些人那里却能够"繁殖"出千万资产。也许，世界上产生了富翁和乞丐的原因之一，便是由于他们之间存在着认识上的差别。

寄语青少年

"九层之台，起于垒土"，"千里之行，始于足下"。梦想一夜暴富的人，往往忽略了自身的奋斗，这样的人心比天高，却不付诸行动，财富永远得不到。如果你也想成为亿万富翁，请千万牢记，没有谁是一夜暴富的，只有踏踏实实、认认真真做事的人，才会变得富有。

自我训练

只有认清自己，才能展开创业之路。下面这个游戏会给你认识自己的一些启发。

启动游戏

1. 写出一件你喜欢做的事情，但不符合社会角色规范；再写出一件你不喜欢但符合社会角色规范的事情，并列出面对的困难与阻力，制订个人行动计划。

2. 写出个人的想法、行动计划和面对的困难后，你该做什么？又或者可以让周围的朋友给你提供意见。

游戏建议

这个游戏可以帮助你找到目前你的社会角色和你内心角色的差距，试着思考下面这几个问题：

1. 社会角色定型对个人自我潜能发展有什么影响？

2. 个人自主性包括哪些方面？它重要吗？

3. 面对社会要求与个人自主性的冲突，你会采取什么态度及方法去处理？

漫无目的投资，常常会消磨人的财富热情，只有准确找到自己的位置，才会激发你的成功动力。

坚持每月的储蓄

一分一分积累的财富很难被人拿走。

——犹太格言

有个叫哈罗德的青年，开始只是一个经营小型餐饮店的商人。他看到麦当劳里面每天人潮如水涌的场面，就感叹那里面所隐藏的巨大的商业利润。

他想，如果自己可以代理经营麦当劳，那利润一定是极可观的。

他马上行动，找到麦当劳总部的负责人，说明自己想代理麦当劳的意图。但是负责人的话却给哈罗德出了一个难题——麦当劳的代理需要200万美元的资金才可以。可哈罗德并没有足够的金钱去代理，而且相差甚远。

哈罗德并没有因此而放弃，他决定每个月都给自己存1000美元。于是每到月初的1号，他都把自己赚取的钱存入银行。为了防止自己花掉手里的钱，他总是先把1000美元存入银行，再考虑自己的经营费用和日常生活的开销。无论发生什么样的事情，都一直坚持这样做。

哈罗德为了自己当初的计划，整整坚持不懈存了6年。由于他总是在同一个时间——每个月的1号去存钱，连银行里面的服务小姐都认识了他，并为他的坚忍所感动！

现在的哈罗德手中有了7.2万美元，是他长期努力的结果。但是对200万美元来讲，仍然是远远不够的。

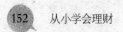

麦当劳负责人知道了这些，终于被哈罗德的不懈精神感动了，当即决定把麦当劳的代理权全部交给哈罗德。

就这样，哈罗德开始迈向成功之路，而且在以后的日子里不断向新的领域发展，最终成为一代巨富。

如果哈罗德没有坚持每个月为自己存入1000美元，就不会有7.2万美元了。如果当初只想着自己手中的钱太微不足道，不足以成就大事业，那么他永远只能是一个默默无闻的小商人。为了让自己心中的种子发芽，哈罗德从1000美元开始慢慢充实自己的口袋，而且长达6年之久，终于感动了负责人，也开始了他自己的富裕人生。

寄语青少年

万丈高楼平地起，你不要认为为了一分钱与别人讨价还价是一件丑事，也不要认为小商小贩没什么出息。金钱需要一分一厘地积攒，而人生经验也需要一点一滴地积累。在你成为富翁的那一天，你就会明白：积累财富也是一种理财的表现。在我们消费的过程中，就不能把硬币不当钱，我们要学会节约每一分钱，做一个理财高手。

 自我训练

青少年存钱的几种方式

1. 妥存银行

这样的储蓄方式比较安全，而且大额存款还有可观的利息。

2. 自己保存

这样的方式对于存款人来说十分方便，但不是那么安全。最主要的是考验存款人的自觉性和耐心。

3. 让父母代存

储蓄、投资多听听父母的意见十分必要。但是再怎么说也是自己的理财过程，青少年最好还是离开父母的保护，自己独自理财比较锻炼能力。

第九章

良好的消费习惯让你的生活更便利

做拥有良好消费习惯的青少年

习惯是我们在生活中习以为常的举止行为，一旦形成就很难改变，而且还可能随着时间的推移而不断强化。因此，在平时生活中，一旦我们形成了不良的消费习惯，想要改变可能就需要花费更多的时间和精力。

科学的消费观是理财哲学中重要的组成部分，它所要求的并不是节衣缩食、降低生活的质量，而是尽量看紧自己的荷包，省下不该花的钱，以最小的代价创造高品质、高效率的生活。往往是那些懂得合理消费的人，才能更长久的维持品质生活的质量。

那么，有哪些方法可以培养青少年正确的消费习惯呢？

1. 学会制订合理的支出计划

想要培养正确的消费习惯，合理的支出计划是必要的。青少年需要科学而合理地规划消费的每一个步骤、方法以及预期效果等，清楚地了解哪些钱是该花的哪些是不该花的，同时清楚地了解该花的钱是花在哪些地方等。一个合理的支出计划会让青少年的消费更适度，有利于培养青少年正确的消费观。

2. 买东西要货比三家

这是一个市场经济时代，商品琳琅满目，即使是同类商品，也呈现出数量多、质量参差不齐的特点。青少年由于生活阅历的局限，往往会成为这些商家网中的猎物。因此，青少年购物时要做到货比三家，在充分了解各个商家产品的质量、价格之后再做选择。除了能节省一部分不必要的消费之外，还能锻炼自己的判断力。

3. 攀比心理最要不得

当别人向你表现或是炫耀某件东西时，嫉妒和攀比心理是最要不得的。首先，你要先考虑自己的实际情况，这件东西适不适合自己？自己的经济状况能不能负担得起？切忌盲目地做出决定；其次，要有自己的判断力，凭借自己的眼光来判断这样一件东西到底是好还是不好，千万不要被价格迷失了方向。

4. 保持定期储蓄的习惯

现阶段，由于青少年还处于学生时期，没有独立的经济能力，储蓄就成了青少年较为重要的财商课题。将平时父母亲友给的零花钱积攒起来，这些钱虽然不多，看起来很零散，青少年可以选择放在储蓄罐中。可以办理一张银行卡专门积累日常的零用钱，长久下来，小钱也会变大钱，一笔小小的"巨款"一方面是你耐力的体现，另一方面也是你财商能力的展现。

5. 适度抵挡潮流诱惑

品牌折扣、明星效应，这些都是青少年消费过程中会面对的诱惑。想要培养良好的消费习惯，青少年必须做到适当抵制潮流诱惑。青少年要有自己穿衣打扮的品味，或者理解自己较为适合的方向，在这种前提下进行选择，则会排除掉一些眼花缭乱的指引；不提倡盲目的追星方式，要在综合考虑自己的实际经济状况下再进行。

6. 多听取他人的消费指导意见

当你在消费过程中因为商品价位太高或者是对其质量不确定的情况下，要向一些较有经验的朋友、家人等咨询购买意见，多听取他们的看法，不要盲目断然的下决定。除了这些突发性的消费事件外，从他人的消费指导中确立适合于自己的消费手段，避免进入不必要的消费误区。

7. 让消费变得可持续

青少年现阶段没有独立的经济能力，储蓄起来的钱非常有限。可以通过在节假日选择打工或其他合法有效的手段赚取零用钱，让自己储蓄罐里的钱不因为临时状况而中断，让消费变得可以持续。不仅方便了自己的消费，还锻炼了自己独立自主的能力。

养成记账的好习惯

> 财务混乱的结果就是失去掌控财富的能力。
>
> ——犹太格言

一天，有位年轻人去问一位著名的犹太富翁："什么是生财之道。"

那位富翁反问："我可以教给你，不过，你能否告诉我，你赚到钱之后，准备用来做什么？"

年轻人说："我也不知道，因为我从来没发过大财"。

富翁说："那怎么行！发财之后要到墨西哥的哥阿卡普可港去玩一趟，赚了钱以后要买房子、买汽车……预先有个详细的目的，这就是赚钱的规则"。

看着年轻人迷茫的表情，犹太富翁接着说："难道你就是为了赚钱而赚钱吗？这可不好。你应该知道，赚钱并不是目的，而是一种手段。你需要预先定好一个目标，再谈赚钱的计划。如果只是糊里糊涂地为钱卖命，那又何谈赚钱的意义？"

这就是犹太富翁传授的"生财之道"——赚钱的目的是为了更合理地消费，所以，一个人要想赚钱，应该寻找较为明确的目标和动力，必须学会给自己订立赚钱之后的计划，并学会用钱。

寄语青少年

只懂得赚钱，在赚钱后仍然守着金钱而不肯花费的人是吝啬的人，这样的人尽管可以赚一些小钱，却很难成为一个高财商的人，也很难创造出更多的财富。尽管我们在赚钱之后未必会完全按照计划行事，但制订起码的计划还是十分必要的，起码，它能激起我们奋斗的动力，促使我们更加努力地去拼搏。

需要说明的是，对于我们青少年来说，制订支出计划并不仅仅是为了激发我们赚钱的动力，也是为了能让我们更合理地利用手头的钱安排好自己的生活。因此，我们在制订支出计划时，应该尽量考虑自己的实际情况，制订切实可行的计划。

🐻 自我训练

青少年在制订支出计划时，应该考虑一下这些方面的问题

一是自己现在处于一个什么样的起点，即自己手中现在有多少钱、自己的支付能力、自己的消费习惯和喜好、自己所具有的理财能力等。

二是自己将来想要实现的目标，即自己在攒钱和赚钱之后将要用这部分积蓄来做什么。

三是自己目前所拥有的条件、资源、能力等能否帮助自己实现既定的目标，如果不能，自己还需要通过哪些途径和方式来改变等。

权衡好这些问题后，我们就可以根据自己分析后的结果来尽量制订合理的支出计划了。

在计划制订好了之后，我们应该努力实施而不是将其作为摆设置之不理。

为了实现计划，我们在平时需要秉持勤俭节约的习惯，爱惜自己拥有的财物，控制自己过度的消费行为，不乱花钱，学会将节省下来的钱储蓄起来，用来投资或以备不时之需。同时，我们在平时还应该养成良好的理财习惯，要促进金钱的合理流动，在自己的能力范围内做一些适宜的投资，学会让钱生钱。

远离错误的消费习惯

远离错误的习惯就像远离毒品一样，实在令人欢欣。

——犹太格言

还没有读大学的莫妮卡家庭经济状况非常好，父母除了会保证她吃好穿好用好之外，每个月还会固定地给她600元零花钱。可即便手中有这么多零花钱，莫妮卡仍旧觉得自己的钱不够花，还经常会要求父母多给一些。

刚开始时父母也觉得十分诧异，可了解了她的消费习惯之后，他们就明白了其中的原因。原来，莫妮卡在消费时总是不懂得节制，花钱没有计划性，只要是自己喜欢的东西，她总是会想办法购买，当看到周围的同学、朋友有什么好玩意，自己也总是想要，因此常常多出很多原本不必要的花费。此外，她还特别喜欢逛街、逛超市，一看到有促销活动就忍不住想买，这样下来，她的零花钱就远远不够花了。

寄语青少年

其实，不只是莫妮卡有攀比消费、冲动消费、盲目消费等不良的消费习惯，我们身边的不少青少年也有这些错误的消费习惯。这些错误的消费习惯才是财富的杀手。首先我们要明白，我们还没有创造出过什么实质性的财富。

自我训练

一般来说，青少年需要远离这样一些错误的消费习惯：

1. 攀比消费
攀比是一种不顾及自己的具体情况和条件，盲目与高标准相比的行为。

在攀比之心的驱使下，我们可能会在购买很多自己实际并不需要的东西时，浪费很多金钱，而且，攀比一旦成性，就不容易改掉。所以，在学习理财时，我们应该远离攀比心。

要远离攀比心，一是要正确地认识自己的经济能力，我们在消费时应该考虑自己的实际情况，明白自己真正需要的东西是什么，而不能为了满足自己的虚荣心和攀比欲而去购买一些自己无法承担、对自己没有价值的商品；二是要学会放宽心态，适当地给自己减压，如果我们能调节好自己的心态，让自己的内心变得强大起来，我们就不会总是因为羡慕别人而想着去攀比消费了。

2. 冲动消费

冲动消费是在没有消费计划和预算的情况下，临时产生的购买行为，这样购买的东西常常不是自己必需的，有时甚至是自己根本用不着的东西。尽管我们每次冲动购物花费的金钱可能并不算多，但长期这样也会多花不少冤枉钱。

要远离冲动消费的坏习惯，我们就应该学会制订合理的消费计划，去购物时最好事先定出一个金额限度，尽量买自己真正需要的东西而不是没有目的地乱花钱。同时，我们还可以在平时养成记账的习惯，学会精打细算，合理安排自己的储蓄和消费行为。

3. 安慰性消费

生活中，一些青少年常常会在自己遇到挫折和打击，或是在自己完成了重要的事情、考取了好成绩等情况下进行安慰性消费，以此排遣心中的抑郁，或是表达自己的喜悦之情。适量的安慰性消费是可以的，但如果因此为大肆消费，就是很不成熟的表现了。

为了尽量减少安慰性消费行为，我们在平时应注重培养积极的心态，学会乐观地看待周围的人和事，学会正确地认识成败。

当然，除了这些消费习惯之外，盲目消费、遗憾性消费、超前消费等也是我们青少年应该远离的不良习惯，我们应该保持足够的定力，努力走出消费误区。

敢于为一分钱与别人讨价还价

一枚小小的铜钱，可能就是万贯资产的源头。

——西方民谚

犹太商人史威特曾经穷困潦倒过。有一次，他的车抛锚了，为了节约拖车的费用，他硬是冒着大雪，踏着泥泞和积雪，把车推到1千米以外的修理厂。有人对他这种行为不理解，而他的想法是，省点本钱，然后积攒下来。不过，他积攒钱不是为了积攒而积攒，而是利用积攒下来的钱赚大钱。所以他能省就省，甚至从牙缝里省钱。

有一年，不少地区旱涝灾害很严重，受灾区急需物资。史威特看到这是一个赚钱的机会，就用几年来省下的钱造了一艘小型拖船，做起了物资给养生意，转眼之间就发了一笔财，净赚了100万美元。

没多久，以色列的陆路交通发展迅速，汽车从4000辆一下子增加到了8000辆，各种车辆在路上川流不息。史特威瞅准这个机会，开办了汽车修理厂。生意一开始就很兴隆，后来越做越大，员工由30人增加到100人。并在此基础上，开办了一家机械制造厂。

10年间，史威特从无到有，不断寻找新的赚钱途径，最终把握住了机遇，成为了一代富豪。在欧洲、北美洲、亚洲等国家和地区都有他的分公司和代理公司，他拥有资产上百亿美元，是世界知名的人士。

寄语青少年

几乎所有的财富，不管是大是小，它的真正起点就是养成储蓄的习惯。如果你没有钱，而且也尚未养成储蓄的习惯，那么，你永远无法使自己获得赚钱的机会。

❤ 自我训练

意外之财

你偶然在路边捡到一千元钱，一时又找不到失主。正好你想去买一件大衣，但是这些钱又不够，如果用这些钱去买一双运动鞋，则又多了数百元，你会怎么做？

A. 自己添些钱把大衣买回来

B. 买运动鞋，再去买些其他小东西

C. 什么都不买先存起来

解答：选A：你的决断力还不错，虽然有时会犹豫徘徊，可是总是在紧要关头做出决定。你最大的特色是做了决定并且不再反悔。这并不是因为你的决定都是正确的，而是因为你好面子，错了也不愿承认。

选B：你是标准拿不定主意的人，做事没有主见。个性上你有些自卑，不能肯定自己，你这种人一定曾经受过某些心理伤害，或者周遭的人物太优秀了，因此造成你老是有不如人的感觉。

选C：你对家的依赖性很高，若不到必要，你是不会离家独居的，即使迫于无奈你仍和家保持密切的联系。你是个很顾家的人。

精打细算，合理消费

量入以为出。

——《礼记·王制》

科迪生长在一个大城市，父母经商，现在拥有几家大公司，家境非常好。按理说，出生在这样的家庭，科迪应该会得到父母的特别宠爱，也应该可以从父母那得到很多的零花钱，可实际上并非如此。科迪觉得父母对自己很小气，每个月只给自己很少的零花钱，如果自己想要多得一些，就要通过做家务、取得好成绩等方式来获得。科迪起初对此很不理解，可在听妈妈给自己讲他们家的致富故事之后，他明白了父母的苦心。

原来，科迪的父母都是乡下的蓝领工人，十几年前怀着梦想，他们带着科迪一起来到城市奋斗。在刚开始时，父母干活很辛苦但收入却很少，全家人只能挤在一个很小的公寓里艰难度日。

科迪的妈妈是一个精明能干的人，她平时总是精打细算，一分一分地为家里省钱。在买菜时，她总是会挑选稍微有些缺陷但价格便宜很多的蔬菜，购物时她也总是"货比三家"，挑选实惠的商品购买，有时候妈妈会为了省几块钱而多走很远的路到市场去购物。妈妈在平时消费时也总是量入为出，喜欢买一些实用而便宜的货物，很少会为了赶流行而消费。

就这样，因为妈妈勤俭持家，他的父母在几年的时间就有了不少积蓄。之后，一个偶然的机会，他们又用这笔钱投资做生意，没想到生意越做越大，成功致富。想到自己以前艰辛创业的日子，也为了让科迪从小养成良好的消费习惯，学会理财，父母们想出了特别的教育方式。

通过精打细算、合理消费的方式来储蓄资本，在科迪父母的成功中发挥了重要的作用，如果没有节省出来的那第一笔本钱，他们可能就会与成功的机遇擦肩而过了。

　　想要学习理财，也不能忽视消费问题，如果能精打细算，学会合理消费，我们或许就能将积累的本钱作为财富的种子，培育财富之树。

自我训练

　　对于我们青少年来说，学会合理消费其实并不困难，只需要我们从身边的一些小事做起，在消费时多注意如下的一些方面：

1. 注意商品的性价比

　　注意商品的性价比也就是说在消费时应关注商品性能与价格之间的比例关系，在满足性能要求的基础上，尽量购买实惠的商品，如果你不考虑自己的实际需求和商品的性能，只是为了省钱，却买了一堆用不上的物品，那也不是理性消费。因此，我们在购物时既不能只图节俭而不图质量，也不能只为奢华不考虑实际，而应该选择实用而物美价廉的商品。

2. 掌握一些购物省钱的绝招

　　如果想精打细算、用少钱买好货，我们也需要花费一些心思，了解一些省钱的诀窍。首先，我们应注意挑选最佳购买时机，一般来说，当商品换季、大促销的时候，其价格一般比较便宜，我们可以在此时购买一些实用的物品；每逢重大节日，一些商品的价格就会飙升，所以我们在保证质量的前提下，最好能提前购买一些备用。其次，我们应该选对购物地点，一般商品在大商场、超市和批发市场的价格是不尽相同的，如果你想精打细算，最好能多逛几家，这样更容易买到物美价廉的商品。

　　如何才能管理好欲望呢？政治家、经济学家是教育人们怎么样通过让财富的积累赶上欲望的增长；而宗教采取另外一个办法，不管财富积累，而是要你欲望的增长速度慢一点，或者让你欲望的结构、增长的方向发生变化。你不必让你的财富奔跑，而应该让你的欲望停下来，那就要祈求宗教，祈求伦理，祈求价值观的改变，能把你的欲望管理好。如果有一天你能管理好你的欲望，即使金钱增长的速度不快，你的幸福感也会增加。

学会花好每一分钱

把钱花费到关键的地方，这样才能发挥财富的最大作用。

——犹太格言

美拉达是寄宿生，父母是政府公务人员，家里的条件比较宽裕。一般在美国，小孩不那么愿意从父母手里拿零花钱。但父母也很疼爱美拉达，为了让美拉达的生活过得好一些，父母每个月给她900美元生活费，还代缴100美元手机费。

相比于班里的其他同学，美拉达的生活的确算是很充裕的了，可她也进入了"月光族"，有时还常常会向同学借钱度日，以至于那些自己打工赚零花钱的同学都离她越来越远。

因为从小生活在富裕的家庭，衣食无忧，加上父母很少教给她勤俭节约、科学理财方面的知识，美拉达自小就养成了花钱大手大脚的习惯。

住校之后，她仍常常会在放学后或是周末跟同学一起逛街购物，加上平时喜欢吃零食，用钱比较铺张，所以她的钱很快就花光了。到了月底的时候，她就要省吃俭用了；有时候，她还会向自己的同学借钱并让父母稍后替她还上，有时，她还会直接要求父母多给些零用钱。

和美拉达的情况差不多，菲比虽然已经大学毕业一年了，而且还有一份收入不错的工作，可也是个"月光族"。除去每个月的房租、生活费，再加上平时买服饰等花的钱，她的工资几乎所剩无几，如果哪个月同事或朋友多几次聚会，她可能在月底就需要借债度日了。可让她想不到的是，与自己合租一套公寓的外省人卡希尔只不过是餐厅的侍应生，在用工作养活自己的同时还每个月有钱支付昂贵的自学费用。

美拉达和菲比就是典型的"月光族"，即使到手的钱足够充裕，他们每个月也没有盈余，月初过得是很潇洒，可月底的日子却分外难熬。"月光族"的问题，很大程度上就在于不懂得科学理财，不能花好每一笔钱。

自我训练

在理财过程中，制订一套"用钱"计划很重要

1. 记流水账

按时间顺序记录每天开支，久而久之就会变成一笔糊涂账，很难统计，所以要懂得分析。只记账不分析，虽然每笔账明细都很清楚，但不加以管理仍会漏财。最好每个月检查一下账本，看看哪部分支出超过预算，慢慢学会应该怎么花钱才会不影响生活品质。

2. 分析账本的方法

每个月哪部分花销大、哪部分花销可以适当增加、哪部分花销不必要，都要了然于胸。为了详细掌握资金流向，积累理财经验，通过不断摸索实践，我们还可以设立日常开支账、伙食专用账、投资专用账三个账本。这三本账不仅让我们细致地记录下每天所有开支，理性健康地消费，月底汇总后还能及时调整投资方向。

3. 学会量入为出，不盲目从众消费和追求奢侈生活

青少年要根据自己的经济能力，该省则省，该花的就花，不要为了赶流行、满足自己的虚荣心而不顾自己的实际情况，结果造成经济拮据，得

不偿失。

4. 制订合理的消费和储蓄计划

在平时，青少年可以对每月中各项必须支出的项目进行预算，尽量压缩不必要的开支。同时，大家可以将节省下来的钱存进银行，当积累到了一定数量之后，还可以尝试着用于投资。

学会赚钱，更会花钱

花钱实际上是一个考验消费者品质的行为。

——犹太格言

洛克菲勒出生于一个典型的犹太家庭。他的父亲经常用犹太人的教育方式教育他的几个孩子。他的父亲从他四五岁的时候就让他帮助妈妈提水、拿咖啡杯，然后给他一些零花钱。他们还把各种劳动都标上了价格：打扫10平方米的室内卫生可以得到半美分，打扫10平方米的室外卫生可以得到一美分，给父母做早餐得到12美分。等他们再大点的时候，告诉他如果想花钱，就自己挣！

于是他到了父亲的农场帮父亲干活，帮父亲挤牛奶，跑运输，包括拿牛奶桶，都算好账。他把自己给父亲干的活都记录在自己的记账本上，到了一定的时候，就和父亲结算。每到这个时候，父子两个就对账本上的每一份工作任务开始讨价还价，他们经常会为一项细微的工作而争吵。

洛克菲勒6岁的时候，他看到有一只火鸡在不停地走动，也没有人来找。于是他捉住了那只火鸡，把它卖给了附近的邻居。他的母亲是一位虔诚的教徒，认为这样是亵渎了神灵，而他父亲认为他有做商人的独特本领，而对他大加赞赏。

有了这次的经商经历，洛克菲勒的胆子大了起来，不久他就把从父亲那里赚来的50美元贷给了附近的农民，他们说好利息和归还的日期之后，到了时间他就毫不含糊地收回53.75美元的本息。这令当地的农民觉得不可思议：这样的一个小孩居然有这么好的商业意识。到了洛克菲勒成名之后，他也把这套办法交给他的子女。

在他的家里，他搞了一套完整的虚拟的市场经济。洛克菲勒让自己的妻子做"总经理"，而让自己的孩子们做家务，由自己的妻子根据每个孩子做家务的情况，给他们零花钱。他的整个家庭似乎就是一个公司。

寄语青少年

赚钱的目的就在于花钱，因为钱一旦不流动就很难称之为钱了。但是不加节制、不懂规律的花钱同样会让钱白白流走。所以青少年要懂得花钱的艺术和技术。

自我训练

你对消费的看法将直接影响到你对金钱和理财的态度。想知道你对金钱及理财是什么态度吗？那就快来测试一下，看看自己属于哪一种消费类型吧！

下面有五道问题，请回答"是"或"否"：

1. 你是否会不经过仔细的调查研究，就根据盛传的小道消息进行投资，唯恐失去大赚一笔的机会？

2. 你是否经常关注大甩卖的消息，而不是注意你的财政情况？

3. 你是否会花大量的时间收集商家的优惠券，并用这些优惠券为你省钱？

4. 当购买打折商品时，你是否首先想到你省了多少钱，而不是花了多少钱？

5. 你是否有很多从没使用过的打折商品？

解答： 如果你有4个以上"是"，你便是购买打折商品型的消费者。喜欢购买打折商品的人总是在寻找着能满足个人需求的东西，寻求最大幅度的折扣。买到令自己满意的打折商品会很得意，但是当碰到更便宜的打折商品时，又会觉得很吃亏。

把钱花在该花的地方

钱长着腿，它也有它该去的地方。

——犹太格言

约翰·洛克菲勒一生至少赚了数百亿美元，可他平时却十分节省。洛克菲勒常到一家熟识的餐厅用餐。餐后，总给服务生15美分的小费。有一天，不知什么原因，他只给了5美分，服务生不禁埋怨道："如果我像你那么有钱的话，我绝不吝惜那10美分。"洛克菲勒笑了笑，说："这就是你为何一辈子当服务生的缘故。"

洛克菲勒已成为亿万富翁时，仍向被邀请去他别墅住了一天的朋友要10美元的住宿费。

在日常生活中，他也非常节俭：信纸用到正反两面都用完为止；皮鞋更是精心保养，一双鞋能穿10年以上；记账本从不离身，每一笔花费都清清楚楚地写在上面。1880年6月5日，他的记账本上这样记录着："早晨，外出吃了一个汉堡包，喝了一杯可乐，花去3美元；下午去看望朋友，带鲜花一束，花去9美元；黄昏去给朋友寄贺卡，买邮票花去3美分。""3美分"，这就是石油大王的记账本。他从不遗漏任何一笔开支，记账本有厚厚的一摞，并且每张纸正反面都用。

有一次，他下班想搭公交车回家，发现还差1美元，于是向秘书借钱，并且说："你一定要记得提醒我还，免得我忘了。"

秘书说："请别介意，1美元算不了什么。"

洛克菲勒听后十分不高兴，说："这怎么算不了什么呢？把1美元存在银行里，要整整10年才有1美元的利息呀！"

寄语青少年

有的人总是觉得，几块钱不算什么，可是冰冻三尺，非一日之寒。这一点我们应该向洛克菲勒学习，将事情从小事做起——注重细节，将财富从小钱攒起——注重节俭。学会"吝惜"每一分钱，因为大的财富都是积少成多而来的。

自我训练

看看下面的五道问题，请答"是"或"否"：

1. 钱是否与你成功的感觉密切相关？

2. 你是否感到待在家里数钱胜过去任何地方度假？

3. 你是否经常考虑钱的问题？

4. 与花钱相比，节约每一分钱是否更让你感到愉快？

5. 当你花钱买一些生活必需品，例如给你自己买一只手袋时，你是否感到内疚？

解答：如果你答了4个以上"是"，你便是守财奴型的消费者。守财奴型的人最爱他的钱。你的习惯就是省钱，你喜欢看看自己的银行存款数额不断增长。你将钱安全地存在银行中，从不考虑通货膨胀这个隐形扒手会每天吞食你的钱。你看起来非常成功，但是有时，你会担心自己会比钱寿命长，以至于死的时候两手空空。

克制购物的冲动

> 冲动之所以是魔鬼是因为它没有经过大脑的驱邪。

——西方民谚

苏菲亚还没有高中毕业，她的购物冲动虽然不如人们说的"购物狂"那么强烈，但也是十分明显的。她总是不能很好地控制自己的消费行为，经常会买一些不必要的东西。苏菲亚特别喜欢逛街和逛大型超市，所以身边的朋友也总喜欢找她一起去。她一到超市，立刻就兴奋起来，总能想起自己缺这个缺那个，于是买个没完，每次至少也是上百元。逛街的时候也是如此，本来只是陪着朋友去买，结果自己每次都比朋友买得多。最主要的问题还是，很多时候她买回来的东西放在一边也想不起来用，浪费了不少钱。

苏菲亚是一个因难以控制自己的购物冲动而盲目消费的典型，正由于每次总是非理性消费，她花了不少冤枉钱，在事后她也总是后悔自己的行为，决心改正，可下一次到了购物场所，她仍然会一如既往地疯狂购物。

寄语青少年

对于青少年来说，做到合理消费，正确处理手中的金钱说容易也容易，说难也难。容易的在于只要大家在平时能尽量花好每一分钱，做到勤俭节约，这样的消费行为就算是理性的了。困难的是，在这个过程中，大家需要克服购物的冲动，抛掉心中的虚荣心和享乐欲望。

克服购物的冲动，才能节省不必要的开支，把握好储蓄和花销的分寸，这样才能慢慢积累本钱用于储蓄和投资，才有可能让钱生钱，形成良好的循环。

每个人都背负着无法满足的欲望，而且个人的欲望随时都有可能生长，因此，我们应该仔细研究现在的生活习惯，在自己消费之前经过再三思考，哪些是必要的支出，哪些支出是可以节省的，在这个思考的过程中，我们就能克服购物的冲动，减少支出。

🐻 自我训练

在生活中，我们要学会克服自己冲动消费的行为。

比如，在每次购物之前，我们应该事先明确自己要买的东西，思考为什么买这些东西，然后从中选择必要的；在逛超市之前，我们最好列一个购物单，严格按照购物单上所列条目来购物，这样能很好地管住自己的冲动；在购买打折商品时，我们既要考虑优惠，又要考虑实用，如果商品的价格实惠而又是自己近期需要的，可以适当购买，如果商品对自己根本无用，那么即使价格再便宜也最好别买。

第十章
要想成功，先要付出行动

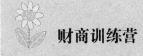

做勇于付出的青少年

付出，简单的说就是"给予"，是一种往外输出的动作。付出心态是对因果关系的另一种阐释，付出，付出，有出才有进，有舍才有得。一个只懂得"省钱、省力、省事"的人，不懂得付出，最后肯定连成功也省去了。

人生路上，我们一直期望能遇到贵人，以求获得成功的捷径；殊不知，其实自己才是自己的贵人。在生活中，梦想着赚钱发财的人不少，可在有了梦想之后，人们的行动是不尽相同的，有人只是幻想一番就作罢了，有人则会马上付出行动，一步步靠近自己的目标。

那么，哪些方法可以培养青少年的付出心态呢？

1. 给自己的行动做计划

选择一件即将要做的事情，将此事情需要完成的步骤一步步写下来，可以包括你这次行动想要达到的目的、时间分配情况等，然后按照你所做的计划行动，比较你最终达到的效果是否比没有计划时完美。

2. 工作学习中要坚持适度原则

青少年面临各种考试的压力，为了达到要求，不惜通宵达旦的持续工作，这样反而适得其反；因此，青少年在工作学习中一定要坚持适度原则，用劳逸结合的方法，可以课后与同学谈天玩耍，也可以听听音乐来放松这一整天的紧绷状态。

3. 勇敢迈出第一步

俗话说："万事开头难"，很多人因为缺乏勇气或是过多的担忧而放弃很多梦寐以求的事情。青少年可以选择一件目前很想做的事情，例如参加演讲比赛或者是歌唱比赛等，通过报名的形式参与到整个活动中去，不管成功或失败，品尝第一步的滋味。

4. 不要看山顶，要看脚下

你可以选择某天单独或者跟朋友一起去爬山。当你看山顶时，你也许会因为觉得那山太高，认为自己跨不过那道艰难的坎而选择不付出行动，或仅仅是爬到半山腰就知难而返；因此，不要看山顶，要看脚下。当你预备要做一件事时，不要只看到它的难处，要从简单的开心，脚踏实地一步一步的进行下去，直到你爬到山顶，方能领略高处的美丽。

5. 不要将自己置于长期的松散状态

青少年的寒暑假期历经时间都很长，在这一段时间，很多人停止学习状态，使自己完全置于玩耍的放松的状态，一旦进入开学状态，会产生不适应的情况，甚至需要一段时间的缓冲期。不要将自己置于长期的松散状态，即使是假期，也要时不时的补充自己。可以趁空闲时多读一些课外读物，或者是旅行体验生活等方式，不要随便尝试对自己的放松。

6. 进行积极的自我暗示，告诉自己能"行"

"我能做到""我不比别人差"……类似于这样的暗示的语言有很多，青少年可以把这些话写在日记本上，或者是一些名言警句，贴在墙上，随时可以看到。这样的暗示语言具有神奇的力量，它们会给青少年带来勇气，引导青少年向梦想迈进。

行动永远是第一位

如果想法不付诸行动，那么空有想法是可耻的。

——犹太格言

摩根助手的朋友戴娜，大约45岁，非常文静羞怯。她住在佐治亚州亚特兰大市，替她的丈夫操持一家事务所，负担所有的枯燥乏味的日常文书工作。

这种情形之下，戴娜对自己的人生目标从来没有什么个人想法。她参加了一个六人成功小组。戴娜小组的组员们想尽了办法，帮助戴娜去发现她喜欢做的事情，可是戴娜什么也提供不出来。

"为什么你不找一份你更喜欢的工作？"大家问。

"我不知道"，她说，"我根本没想过。"

忽然有一天，戴娜到她的小组里来，并宣称："我要去比尔格里兹冬赛会参加雪橇狗比赛。"

她的组员们这一回都目瞪口呆。"你当真？"

"当然，"戴娜说，"这就是我想干的。"

"能不能告诉我们这是怎么一回事？"大家问。

"我也不知道为什么会这样。"戴娜说。

"你知道雪橇狗比赛是怎么一回事吗？"

"不知道。"

组员们很高兴戴娜找到了自己要干的事。他们于是马上着手帮助她找一家训练学校。他们向遇到的每个遛狗的人讨教："你了解雪橇狗比赛吗？"终于有一个人知道有一处训练赛狗运动员的夏季营地，于是在一个温和的夏日里，戴娜去了那处营地。她对教练员说："我想学习怎样驾驭雪橇狗。"

教练员看到她是一位瘦小的中年妇女，就想先挫挫她的锐气。他把一队狗套到带有轮子的训练橇上，然后把缰绳交给她。

"给你"，他说，"先体会体会，看看你是不是喜欢。"突然，他向狗吆喝了一声，狗就开始奔跑起来。戴娜几乎跟撵不及。她在跑道上连绊带滑几乎要趴在地上，但她一路上始终没有松开狗。当她到达终点时，她大喘着气笑着对教练员说："我喜欢这项运动。"教练员笑了，答应教她。

当冬天来临，到了该去比尔格里兹时，戴娜才意识到她谁也不认识。她问教练员她是否可以用他的名字作引荐，他说，"戴娜，那不行，你仍只是一个初学者，我得维护自己的名声。"

于是，戴娜的成功小组都热情地到机场为她送行，但大家的心中都存有忧虑。当她到达比尔格里兹时，她发现这只是一个小镇，差不多只有一条重要街道，厚厚的雪覆盖着，街道上挤满了训练有素的雪橇运动员。他们带着狗一群一伙地散坐在四处，她不得不一伙挨一伙地走过去问是否需要一个助手。最终，有一个因助手感冒而接受了她。

于是戴娜赶着一队雪橇狗跑了100千米赛程。

当接到戴娜比赛后打回的电话，而且又见到戴娜回到家里时，成功小组沸腾了。她满脸带笑地向大家讲述了所有扣人心弦的情节。

"这就是幸福之所在。"组员之中有人说。

"确实如此。"戴娜说。

"那么现在呢？"大家问，"加紧训练吗？"

"不"，戴娜说，"我不想再干那个了。"

大家一下子静了下来，有人问，"那么现在你想干什么？"

"辞去我现在的工作。"戴娜说。

组员们谁也不曾料到，戴娜竟然会取胜于一场巨大的挑战，然后放弃那吃力不讨好的工作，出来自己闯世界。

寄语青少年

美国金融大亨摩根曾经说过："一张地图，不论多么详尽，比例多么精确，它永远不可能带着它的主人在地面上移动半步。一个国家的法律，不论多

第十章
要想成功，先要付出行动　179

么公正，永远不可能防止罪恶的发生。任何宝典，即使你手中的羊皮卷，也永远不可能创造财富。只有行动才能使地图、法律、宝典、梦想、计划、目标得以实现。"

行动，永远都是第一位的。无论你做什么，从事什么行业，行动就像食物和水一样，是你成就理想、迈向成功的保障。

🐻 自我训练

假如你是一个公司的管理者，请花一些时间考虑一下员工的工作职能和你的管理职能。不管你说了什么或者想要说什么，你实际上传递给员工的信息是什么？请写下你认为是你的管理风格，并且可能传递给员工错误信息的两种行为或习惯。接下来，通过向自己发问的方式，剖析这些行为实际传递给员工的信息。下面有一个示例。

他们跟我说话时我没有看着他们，或者，我看着地板，要不然就是看着远处。

这意味着：你的话没法让我完全关注，我在想着其他事情，直接看着你我会觉得不舒服。

接着按照这个事例进行询问。

在你完成上面的步骤后，试着提出一些自己想要传递给员工的信息，然后把它们转化为相应的行动。

不要为袍子放弃金子

都是为了金钱，所有人才变得陌生又熟悉。

——犹太格言

古巴比伦最富有的商人阿卡德被尊崇为创富的典范，有许多人向他请教致富的方法。于是他每天日落后都召开一个座谈会，让大家分享彼此的财富经验。这天晚上，有一个人开口讲述了关于自己的一段经历：

"许多年以前，那时我还是个年轻人，刚刚娶了妻子，生意也有了不错的开始。有一天，父亲来找我，热切地让我加入一项投资。他一个好朋友的儿子看中了离我们城市很远的一块土地，地势高出运河很多，没有水可以淹到。

"我父亲朋友的儿子计划买下这块土地，在那里修建三个巨大的水车，用牛拉动，把水提升到这块肥沃的土地上来。在这之后，他计划把土地分成小块，卖给城里的人种植。

"我父亲朋友的儿子没有足够的本钱来完成这个计划，他和我一样也是个有着不错收入的年轻人。他的父亲和我父亲一样也拥有一个大家庭和小康的生活。所以，他决定和其他人一起来实行这个计划，结果一共召集了12个人，其中每一个人都有自己的收入并且同意将其中的1/10拿出来投资，直到积累到足够的钱来买下那片土地。然后，所有的人都将按照各自的投资得到分成。

"'我的儿子，'我父亲对我说，'你现在已经是个成年人了，我非常希望你开始为自己谋求一份有价值的地产，好使自己成为一个受尊重的人。我希望自己的教训能够给你一些帮助。''我也希望从您那里得到指导，我的父亲。'我回答他。

"'那么，这就是我的建议。做我在你这样的年纪应该做的事。从你的收入里拿出1/10进行明智的投资。这样，你就可以在到我这样的岁数之前拥有自己的一份地产了。'

"'您说得很对，我的父亲。我也很想得到财富。但是我的收入得用来

做许多其他的事情。所以，我不能肯定能按照您的建议做。我还年轻，还有很多时间。'

"'我在你这样的年纪时也是这样想的，但是，许多年过去了，你看我现在还没有开始行动。'

'我们生活的时代不同了，我的父亲。我会避免再犯你的错误。'

"'机会就在你面前，我的孩子。你可能因此而发达。我请求你不要拖延。明天就去找我朋友的儿子，和他商量让你也加入投资，拿出你收入的1/10与他合伙。明天一早就去。机会不等人，今天还有机会，但它很快就会过去，所以千万不要拖延！'

"虽然父亲再三催促，我还是犹豫不决。商人们刚刚从东方运来漂亮的新袍子，我和我的妻子想每人买一件。如果我加入合伙投资的话，我们就不能买这些袍子了，而且还要放弃我们想要的许多其他乐趣。我迟迟没有决定，最后终于来不及了，我为此后悔不已。合伙投资的丰厚利润超出了任何人的想象。这就是我的故事，我就这样让好运白白地溜掉了。

"后来，我反复思考这个过程，认为自己如果还是这样裹足不前的话，我的后半生一定会越来越穷。于是在那以后的岁月中，我再也没有放弃过一次获得财富的机会。"

寄语青少年

每个人都会有好运临头的时候，然而只有那些愿意抓住机会的人才能享受到好的回报。要获得财富总得有投资的勇气。

自我训练

保持勇气的方法

1. 用热血的梦想鼓励自己。只要没当遭遇困境的时候,你就拿出梦想来浇灌自己,让自己为梦想保持勇气。

2. 多看些励志打气的书籍,那些榜样和成功人士永远是你的伙伴。

不要等财富来敲门

如果你想成功,那为什么现在还坐在这里不动呢?

——西方民谚

在犹太人中流行着一个古巴比伦商人错失机遇的故事:

商人阿里昂主要经营贩卖牲口的买卖,大多数是骆驼和马匹。有时也贩卖一些绵羊和山羊。

有一次,阿里昂外出了10天去寻找可以贩卖的骆驼,结果一无所获,当他来到城门口的时候,却懊恼地发现城门已经关了。这时候,来了一个上了年纪的农场主,他和阿里昂一样被关在城门外了。

那个农场主告诉阿里昂,他的老伴现在病得很重,他必须尽快赶回去,所以,他愿意卖给阿里昂一群很好的羊。

当时天很黑,阿里昂从羊的叫声可以判断这是很大一群羊。阿里昂已经浪费了10天徒劳地寻找骆驼,所以现在很愿意跟他谈这笔生意。他同意了这笔生意,心想转天一早他的奴隶们就可以把羊群赶进城里,卖个好价钱。

生意谈妥了，但由于在这么一个漆黑的晚上清点那么多渴极了而且乱哄哄的羊，是一件很不容易的事。于是阿里昂生硬地对农夫说他要在天亮以后再清点这些羊，然后付钱给他。

"我请求你，尊敬的先生，我这共有900只羊，"他恳求阿里昂说，"现在你只要付给我三分之二的钱就可以，我要急着赶路。我将把我最聪明的奴隶留下，他受过教育而且很可靠，可以在明天早上和你结清剩下的钱。"

但是阿里昂很固执，拒绝在那天晚上付钱给他。第二天一早，他还没有醒来，城门就开了，有四个贩卖牲口的人急匆匆地跑出来寻找货源，最后用高价买下了那群羊，因为听说城市即将被围困，而城里储备的粮食并不充足。他们交易的价格几乎是阿里昂开始谈定价格的三倍。因为没有立即行动，阿里昂的好运就这样溜走了。

寄语青少年

只有行动才能赋予生命力量。艾米没有赚到钱的原因就在于她没有果断的行动力，以至于坐失良机。一个人如果在一扇门外站得太久，就会在想象中无限放大房间内的困难，最后再也没有力气抬起敲门的手。事实上，最好的方法是推门就进，不给自己犹豫、彷徨的机会。不管怎样，先进去再说吧！

自我训练

若想从正面拥抱机遇，除了需要广博的知识、充分的才华、健康的体魄之外，还需要具备一定的心理素质：敏锐、勇气、主动性。

1. 敏锐

这是一种对机遇的高度敏感，一个人做任何事时都要尽量细致并谨慎，以能够从容易被人忽略的细节里嗅出机遇的所在，并牢牢地抓住它。

2. 勇气

一位叫塞缪尔·约翰逊的英国作家说："才智和勇气必定满意地与机遇共享荣誉。"每当面临新的机遇，在斟酌得失之时，人们往往会因恐惧而怯懦。这时你需要的就是勇气。胆怯退缩，再好的机遇也只能遗憾地错过。

3. 主动性

机会是现成的吗？就像河塘里的鱼只等着你去捕捞？不，很多时候，你是看不到机遇的。这时需要你发挥主动性，自己动手创造机遇，哪怕这种可能性只有万分之一。

除了上述几点，要抓住机遇还要特别注意品格的修养，要有不慕虚荣、脚踏实地的敬业精神和生活态度。做到这些，即使你并未刻意去寻找机遇，机遇也将在你务实的工作中自然地被创造出来。

想要收获先要播种

播种的季节就播种，收获的季节自然不会漏掉你。

——犹太格言

有个人名叫王妄，三十余岁一无所成，也未娶妻，靠卖草来维持生活，穷困潦倒。有一天，王妄到村北去拔草，发现草丛里有一条七寸多长的花斑蛇受了伤，动弹不得，王妄遂救了此蛇，带回家中。蛇苏醒之后，为了表达感激之情，向王妄母子俩颔首点头。母子俩见状非常高兴，为蛇编了一个小荆篓，小心地把蛇放了进去。从此母子俩精心照顾小蛇，蛇慢慢长大了。

一天，小蛇爬到院子里晒太阳，被阳光一照变得又粗又长，像根大梁，这情形被王母看见，惊得昏死过去。等王妄回来，蛇已回到屋里恢复了原形，着急地说："我今天失礼了，把母亲给吓死过去了，不过别怕，你赶快从我身上取下三块小皮，再弄些野草，放在锅里煎熬成汤，让娘喝下去就会好。"王妄说："不行，这样会伤害你的身体，还是想别的办法吧！"花斑蛇催促地说："不要紧，你快点，我能顶得住。"王妄只好流着眼泪照办了。母亲喝下汤后，很快苏醒过来，母子俩又感激又纳闷，可谁也没说什么，王妄再一回想每天晚上蛇篓里放金光的情形，更觉得这条蛇非同一般。

此时乃宋仁宗当政，仁宗整天不理朝政，对宫内生活深感枯燥，想要一颗夜明珠赏玩，于是便公告天下，谁能献上一颗，就封官受赏。王妄听闻此事，回家对蛇一说，蛇沉思了一会儿说："这几年来你对我很好，而且有救命之恩，总想报答，可一直没机会，现在总算能为你做点事了。实话告诉你，我的双眼就是两颗夜明珠，你将我的一只眼睛挖出来，献给皇帝，就可以升官发财，老母亲也能安度晚年。"王妄听后非常高兴，可他毕竟和蛇有了感情，不忍心下手，说："那样做太残忍了，你会疼得受不了的。"蛇说："不要紧，我能顶住。"于是，王妄挖了蛇的一只眼睛献给了皇帝。那颗夜明珠在夜晚能够发出奇异的光彩，把整个宫廷照得通亮，皇帝非常高兴，封王妄为大官，并赏了他很多金银财宝。

皇上得到夜明珠后，皇后娘娘也想要一颗，于是宋仁宗下令再寻找一颗来，并许诺把丞相的位子留给第二个献宝的人。王妄遂起了歹念想要蛇的另一只眼睛。于是他回到家中去找蛇商量，但是蛇无论如何不给，劝说王妄道："我为报答你，已经献出一只眼睛，你也升了官，发了财，就别再要我的第二只眼睛了，人不可贪心。"

王妄早已鬼迷心窍，根本不听劝，无耻地说："我想当丞相，你不给我另一颗夜明珠我怎么能当上呢？况且我已经向皇帝说了一定能找到夜明珠，如果我不把你的眼睛交出去，如何向皇帝交代。帮人帮到底，你就成全我吧！"他执意要取蛇的第二只眼睛，蛇见他变得这么贪心残忍，只好说："那好吧！你拿刀子去吧！不过你要把我放到院子里再取。"王妄闻言十分欣喜，立刻将蛇放到院子里，转身回屋取刀子。等他拿着刀子出来时，蛇已变成了大梁一般粗，一口将王妄给吞了下去。

王妄不知餍足，不断地祈求不劳而获，最终落得身入蛇口的下场。世间怎么可能有人能无限制地任你予取予求呢。人们想要得到财富，想要过上好生活，就必须要自己动手，付出辛勤的努力，才能耕耘出甜美的果实。那些每天坐等天上掉馅饼的人，是多么可悲而又可笑。不问耕耘只问收获，世间哪里有这样的好事呢。

♥ 自我训练

付出要注意技巧

1. 付出劳动首先要看目标是否正确。如果付出的行动的目标是违法犯罪那就毫无致富可言了。

2. 付出劳动要先看好市场行情，千万不要被懂行的人欺骗。

尝试一次打工

> 亲自尝试的结果要比看书的印象深刻好多倍。
>
> ——西方民谚

小杰克的父母下岗了，家里一下子没有了经济来源，突然陷入了窘境。爸爸从亲戚那里借来钱买了一辆三轮车，爸爸起早贪黑，每天辛苦地送货。英国的冬天，寒冷而潮湿，但是为了生活，杰克的爸爸不得不做这么辛苦的活计。没货可送的时候，爸爸就去工地上干活，妈妈做了洗衣工，但是赚得的钱仅够维持一家人的基本生活。

小杰克不理解，邻居家的餐桌上为什么总有鱼有肉，而自家十天半个月才能吃上一次肉。

小杰克经常习惯性地吮着手指头站在门边看邻居一家吃鱼吃肉，口水从手指缝中流出。邻居常常会夹上一块肉放在他的手心，然后说："回去吧，回去叫你妈也买点肉吃。"有时小杰克的弟弟也去，搅得邻居很烦。

有一天，小杰克终于问爸爸："邻居的餐桌上为什么总有鱼有肉？"他想知道这个谜底。

爸爸没有回答。一个星期天，爸爸问："你今晚想不想吃肉？"小杰克说："当然想，做梦都想。"爸爸说："好吧，你跟我走。"

爸爸带小杰克到一家建筑工地，他向工头要了一截土方，工头在土方上画了白灰线，并告诉爸爸，挖完了线内的土方，就给50便士的工钱。爸爸对小杰克说："挖吧，挖完了，今晚就有肉吃了。"

想到晚上有肉吃了，小杰克卖力地干了起来。但是只挖了一会儿，手就发软，且磨起了泡，爸爸比划着说："已得3便士了。挖吧，再挖挖又得3便士了。"小杰克又支撑了一会儿，终于挖不动了。

小杰克说："爸爸，这太辛苦了，我吃不了这种苦。"

爸爸说："歇一下吧，你歇一下再挖。"

小杰克就这样歇一会儿又挖一会儿，而爸爸总是不停地挖。小杰克记得那是初秋，天气仍然很热，爸爸的衣服湿了干，干了又湿，衣服上都能看到盐渍了。这么苦，小杰克甚至想今晚不吃肉了。

他试探着把话说出去，爸爸说："孩子，不下苦力气，哪得世间钱？"

一天下来，父子俩终于把土方挖完了。爸爸从工头那儿领了50便士。这时候，小杰克连走路的力气都没有了。

晚上，餐桌上摆上了香喷喷的大鱼大肉，弟弟吃得香极了。

爸爸对小杰克说："孩子，我想现在你知道邻居餐桌上总有鱼有肉的谜底了吧。"

爸爸又说："这就叫吃苦，孩子，你知道吗？"小杰克的心灵为之一震，面对餐桌上的鱼和肉，还有吃得正香的弟弟，他哭了。

那年小杰克11岁，但他却刻骨铭心地记住了自己第一次打工的经历。从那之后，小杰克变了很多，最大的变化就是他懂事了很多，他不再埋怨父母没有为他提供富足的生活，他终于感受到了父母身上的重担。

寄语青少年

在我们当中，可能有很多人像小杰克一样，看到别人家富裕的生活条件，而自己家却一贫如洗，就会埋怨父母没有为自己提供富裕的生活。事实上，没有一个父母不想为自己的儿女提供最好的物质生活，但是由于种种条件的限制，他们没能给予我们更好的生活条件，但是，他们是在尽其所能。

如果你还抱怨自己的父母没有给你更好的生活，那么，请你利用假期去打一次工，当你有了一次打工的经历，那你就不会再有这样的想法了。通过打工，你就会明白赚钱其实并不是一件容易的事情，你就能感受到父母身上那副沉甸甸的重担了，你也会明白生活的艰辛，生活不是像你想象的那样轻松、惬意。

通过打工，你将会更加理解父母，也会对生活有一个全新的认识。

选择脚踏实地的付出

名誉有了污点，是什么也涂不掉的。

——胡·曼·戈里蒂

乔布斯出生于1955年，他的家境一般，但智慧过人。他读书很勤奋，善于思考，曾以优异的成绩考上大学，但由于经济拮据，几乎是半工半读，靠自己在业余时间做工来赚取学费和生活费用。但即使如此，他在1974年还是因经济所迫不得不中断了大学学业，离开了大学之门。

乔布斯中断学业时，年仅19岁。他进入雅达利电视游戏机械制造公司，找到了一份工作。然而，他的志向并不在此。当时，微电脑刚问世不久，在美国加利福尼亚的库珀蒂诺镇，一些业余爱好者正在组织"自制电脑俱乐部"。

乔布斯虽然没有读完大学，但他已经掌握了不少相关的知识，加上他在业余时间刻苦钻研，对电脑技术颇感兴趣。此时，他经过认真思考，认为要干出一番事业，干电脑行业是最好的选择。在未来，人人拥有一台电脑必将成为一种发展趋势。于是，他下决心要在研究和开发个人用电脑方面大干一番事业。

他把自己的想法告诉了自己的朋友瓦兹尼雅克。瓦兹尼雅克也和乔布斯一样，因经济所迫放弃了音乐学业，到一家仪器公司当了设计员。他们平时很要好，志趣相投，乔布斯说了自己的想法后，他俩一拍即合。于是，两个人立即着手筹备。

但是他们俩手头上都没有钱，东拼西凑加起来才只有25美元。25美元何其微乎其微啊！然而他们就是用这一点钱，买了一片微处理器，乔布斯把父亲的修车房作为工作室，两人便干了起来。这简直就像是两个小孩子在玩游戏。然而，他们就是凭着这25美元的资本干起，经过废寝忘食的奋斗，终于试装出一台单板微电脑，把它和电视机连接使用，可以在电视屏幕上显示出文字和简单的图形来。

他们为自己取得的这一小成果而感到高兴，便把这台个人用微电脑送到"自制电脑俱乐部"展示，受到了热烈称赞和欢迎。他们信心十足，接着就试制出了一小批公开出售，谁知竟然非常抢手，有一家电脑商店，竟然向他们一次性订购了350台！

从此，他们雄心勃勃，把自己一切可以变卖的东西全都卖掉，换取了2500美元作为资本，再向当地的一家商店买了一批零件，用了29天的时间，就创立了一个小小的微电脑公司。为了纪念乔布斯在半工半读的岁月里曾在一个苹果园里工作过，他们把公司命名为"苹果电脑公司"。

后来，"苹果电脑公司"成了美国一家大电脑公司，而乔布斯则被誉为"电脑神童"，是个人用微电脑的鼻祖。

起初，公司只有乔布斯和瓦兹尼雅克两个人，乔布斯既是负责人，又是工程师、设计员、工人、推销员。而且，他们两个人对于做生意都不精通。这时，乔布斯意识到，要想使公司大有发展，必须广集人才，而目前迫切需要的是会做生意的人才。他想起自己推销第一批产品时认识的麦库拉。

麦库拉当时在一家半导体公司供职，是一位经验老到的推销能手。

乔布斯怀着"三顾茅庐"的热情，再三邀请麦库拉入伙。麦库拉看到这位年轻后生很有创新精神，终于答应应聘，并且拿出25万美元作投资，成了苹果电脑公司的一个股东。接着，他们几经研究、试验，对原有产品重新进行设计，制造出了一种体积小、价格低、适合于个人和家庭使用的电脑，命名为"苹果二型"。这种电脑一上市，顿时声誉鹊起，该公司不起眼的标志——一个咬掉一大口的红苹果，霎时红透了半边天。乔布斯迅速扩大规模，大量增加生产，公司员工由最初的3人，到80年代初便发展到3200多人。1977年，公司营业额为77万美元，纯利润为4.2万美元。到1981年，公司营业额竟达3.35亿美元，4年间增长了432倍。

从这以后，苹果电脑公司进入黄金时代，成了知名度颇高的电脑公司。

1985年，乔布斯在苹果高层权力斗争中离开苹果并成立了NeXT公司，瞄准专业市场。1997年，苹果收购NeXT，乔布斯回到苹果接任首席执行官（CEO）。

也许你没有出众的才能，也许你没有财力雄厚的父母做后盾，但只要你树立正确的方向，敢于梦想"财富"，你的行动会引领你走向财富之巅。很多时候，财富的获得仅需要两样东西：梦想和行动。

❤ 自我训练

启动游戏：

1. 你在桌上放上两个大小相同的小水桶和六七块大小不一的石头，其中一个水桶中盛有一大半的细沙，另一个水桶是空的。

2. 请你把所有石头和所有细沙都放到空的水桶中，但条件是细沙和石头都不能冒过水桶的上端平面。

游戏建议：

有的人会先把细沙全倒入空容器中，然后费了九牛二虎之力也无法将所有石头都塞进细沙，从而达不到规定的条件。可如果你先把所有的石头都放进空容器中，然后再倒入细沙，你会发现在摇一摇、抹一抹之后，轻而易举地就完成了任务。

游戏结束后，建议讨论如下问题：

1. 在这个游戏中，水桶象征着什么？细沙象征着什么？石头象征着什么？

2. 这个游戏给了你怎样的启示？

解答： 上面的测试游戏中，水桶象征着我们每个人有限的时间，不管是一天也好，或是一生也罢。细沙象征着那些每天纠缠着我们的似乎永远也忙不完的紧急的琐事。石头象征着关乎人生的大事。这个游戏说明，倘若我们总先忙琐事，那么很难成就大事。而如果我们能做到要事第一，那么处理起琐事来也会游刃有余。通过这个测试游戏你了解到你是一个"要事第一"的人吗？

小事情做出大事业

再小的梦想也有破土发芽的那天。

——犹太格言

英国有一个叫弗兰克的青年，从小立志创办杂志。

一天，弗兰克看见一个人打开一包纸烟，从中抽出一张纸条，随即把它扔到地上。弗兰克弯下腰，拾起这张纸条，那上面印着一个著名女演员的照片。在这张照片下面印有一句话：这是一套照片中的一幅。烟草公司敦促买烟者收集一套照片，以此作为香烟的促销手段。弗兰克把这个纸片翻过来，注意到它的背面竟然完全空白。

弗兰克感到这儿有一个机会，他推断：如果把附装在烟盒里的印有照片的纸片充分利用起来，在它空白的那一面印上照片人物的小传，这种照片的价值就可大大提高了。于是，他就找到印刷这种香烟附件的公司，向这个公司的经理推荐了自己的主意，最终被经理采纳了。这就是弗兰克写作生涯的开始。

后来，人们对小传的需求量与日俱增，以致他不得不请人帮忙。于是，他请来自己的弟弟帮忙，并付给他每篇5美元的报酬。不久，弗兰克还请了5名报社编辑帮忙写作小传，以供应印刷厂之需。

弗兰克竟然成了编者！最后他如愿以偿地做了一家著名杂志社的主编。

　　无论多么平凡的小事，只要从头至尾完成它，便是大事。假如你踏踏实实地做好每一件事，就绝不会空空洞洞地度过一生。我们都是平凡人，只要我们抱着一颗平常心，踏实肯干，有水滴石穿的耐力，我们获得成功的机会，肯定不比那些禀赋优异的人少多少。

　　一个人如果有了脚踏实地的习惯，具有不断学习的主动性，并积极为一技之长下功夫，那么成功就会变得容易起来。一个肯不断扩充自己能力的人，总有一颗热忱的心，他们甘于平凡小事，肯干肯学，多方向人求教，他们出头较晚，却在各种不同职位上增长了见识，扩充了能力，学到许多不同的知识。

自我训练

　　下面是7种导致贫穷的性格，看看你有吗？

1. 知足。对于财富没有追求，有吃有穿就满足了。

2. 自满。总觉得谁也不如自己。

3. 保守。别人没走过的路他不敢走，别人没做过的事他不敢做。

4. 怯懦。不敢冒险，胆小怕事。

5. 懒惰。身体懒惰和大脑懒惰，只要拥有其中一种就不会致富。

6. 孤僻。赚钱就是把别人的钱变成自己的钱。孤僻的人不擅长与人打交道，要想赚到钱就不太容易了。

7. 自以为是。自以为是的人，一般都处理不好与周围人的关系。与人处不好关系，就不能形成长久的合作。与人合作不好，很难做成大事。

准点准时到

合理安排时间，就等于节约时间。

——培根

放暑假了，12岁的艾丹希望可以接替哥哥去送报纸，这是一份不错的工作。虽然这意味着每天天一亮就得起床，骑上自行车在伊利诺斯的罗克福德各处投递报纸。但是送报一个星期可以得到10美元，如果干得好，还会得到可观的小费。

但是，要想获得这份工作必须得到布顿先生的认可。那是一个挑剔的老头，凡是知道他的人都这样说。

布顿先生是一个严肃的老人，不喜欢多说话。当他看到艾丹的时候，只说了一句："明天早上6点钟还在这里，明白了吗？"

"好的，布顿先生。我一定准时到。"艾丹答道。

"还好，这里离家还不算远，我可以早一点起来的。"艾丹这么想着。

当天晚上，他早早地就睡下了，可是却忘记了看天气预报。

第二天早上五点半，艾丹起床了，但是他发现外面正在下雨，而且雨势还不小。艾丹看着外边的雨，耳边响起了他和布顿先生的约定。艾丹心想：答应的事情就一定要做到，一定要遵守诺言。于是他披上了雨衣，出了门。当他在6点钟准时到达的时候，布顿先生已经在那里了。

"小家伙，你还真守时！"布顿先生说。

"既然我答应过您，我就绝对不会食言的！"艾丹认真地回答道。

"好吧，艾丹先生，你得到这份工作了。"布顿先生高兴地说，"让我们一起干吧，小伙子！准时是非常重要的。人们希望报纸在早晨6点钟的时候就放到门前。如果晚到了，他们就会站在门口等。

"一旦向别人许诺了，就一定守信，否则别人就不再会信任你！没有人信任你的话，那么你做任何事都不会成功的。"布顿先生和蔼地对艾丹说道。

在生意场上，获取别人的信任非常重要。没有人信任你的话，你的任何商业活动都不会成功。

遵守承诺，是一个人的行为准则。不遵守承诺，做出背信弃义的事情，绝非君子所为。对别人不讲诚信，别人自然也不会对你讲诚信，最终会使你引火烧身，遭受惩罚。

自我训练

十年之后的你会是富翁吗

一个人的命运怎样往往是由其性格决定的，同时性格也决定了一个人的财运，下面的测试就可以测出十年之后你是穷人还是富人？

如果你是个大胖子，正努力减肥时，你的朋友却想请你吃大餐，你的直觉告诉你他的心态是什么？

A. 只是顺便叫你吃饭没有什么意思。

B. 根本就是故意取笑你看扁你。

C. 逗你开心希望你轻松面对减肥。

D. 心疼你挨饿减肥太辛苦。

E. 考验你减肥的意志力够不够坚强。

分析：

选A：你会默默地努力充实专业，十年后的你会衣食无忧。这种类型的人、老实，比较单纯，因此会默默地努力把自己份内的事情做好，在专业上也会努力充实，虽然不会大富大贵，但是还是会因为专业而赚很多钱。

选B：你太爱享受，十年后的你会沦落到跟亲友借钱度日的地步。这种类型的人孩子气十足，认为自己很开心很好，而且心肠很好耳根子很软。

选C：你打拼猛赚钱的个性，让你有机会在十年后迈入亿万富翁的行列。这种类型的人是傻人有傻福，觉得努力打拼就好了，而且很容易执着于一件事情，非常用心，而且把吃苦当吃补。

选D：你缺乏打拼的动力，十年后的你，还是只有这么多的钱。这种类型的人比较安于现状，会品味人生，工作的挑选以合乎其尊严或喜好为主。

选E：你是个潜力无穷的理财高手，十年后的你虽不会大富，却也是个绩优股。这种类型的人学习能力很强，善于判断分析，因此很有机会成为绩优股。

第十一章

共赢是最理想的财富境界

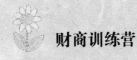

财商训练营

做有共赢精神的青少年

依赖、独立、互赖，这是人生的三种境界。初期，一个人依靠别人达到自己的目的，接着，进入独立闯天下的阶段，即进入独立期；然后，也就是一个人的最高境界，群策群力达到成功，即双方达到共赢的状态。

共赢心态，从另一方面说其实是一个人人际关系的体现，"利人就是利己"，这是人际关系的最高水准；其次，共赢心态也是一个人胸怀宽广的体现，伟大的作家雨果说过：世界上最宽阔的是海洋，比海洋宽阔的是天空，比天空宽阔的是人的胸怀。因此，了解共赢的重要性对于财商学来说是十分必要的。

那么，有哪些方法能培养青少年的共赢精神呢？

1. 无论喜欢与否，积极参与团队活动

青少年在日常的学习生活中，多参与一些团体活动，培养自己的团体精神与合作能力，不能一味地将自己的活动范围限定在很小的圈子里。青少年在团体活动中，由于更多的人际交往的发生，使得自己懂得该如何正确的与人相处，这是培养青少年共赢精神的前提。

2. 多站在他人的角度考虑问题

一般情况下，人们在看待问题时常常会从"我"的角度出发，考虑的则都是与自己有关的问题；青少年要多培养自己的"同理心"，所谓同理心，其概念与同情心是不同的，它是指正确了解他人的感受与情绪，进而做到相互理解、关怀以及情感上的融洽。青少年可在日常生活中多站在对方角度思考问题，学会正确理解对方说话的含义，真正做一个"顾全大局"的人。

3. 敞开胸怀，学会接纳别人

一个胸怀宽广的人往往要比心胸狭窄的人的幸福度高许多。在对待别人的缺点或错误时，用宽容的人取代一味的苛责，不仅可以让自己快乐一些，更是给别人一个感恩的机会。同时，在发现别人缺点的时候，要有意识的想想自己的缺点，容忍自己就要容忍他人。青少年在与人相处中，不要斤斤计较，懂得原谅别人的错误，自己收获的将会是更大的成功与更多的朋友。

4. 切勿好大喜功，懂得分享胜利果实

每当自己在生活、学习中取得一些成就时，记得要和身边的人分享，告诉他们这些成果的获得离不开他们的帮助与指导。青少年可以亲手制作小卡片、小礼物等方式向对方表达自己的感激之情。

5. 懂得倾听，尊重他人

青少年由于处于成长阶段，表达自己的欲望较为强烈，反而不能做到耐心地倾听别人的心事或意见。要懂得倾听也是尊重他人的一种表现，培养自己的耐心和理解力，别人在向你倾诉的同时，意味着他对你的信任。不要呈现不耐烦的姿态，也不要时不时打断别人的讲话；在他人倾诉的过程中，青少年要懂得给予适当的安慰或解释，懂得倾听是人际交往的关键环节。

6. 不拘泥于眼前的利益，用长远的眼光看问题

假设现在你和团队伙伴正在进行一场野外探险，极端饥饿的状态下看见一个苹果。在这种情况下，如果你为了暂时的生存将苹果占为己有而完全不顾他人的利益，虽然最后你取得了那颗苹果，但之后艰难的冒险中你将失去整个团队的友谊。相反，虽然你分得的只是苹果的一小半，可是你收获的会是更长远的利益。

7. 控制好自己的情绪

俗话说"小不忍则乱大谋"，青少年在生活、学习中要学会控制自己的情绪。当你取得成功时，在与他人分享你的成就时不要太喜形于色；当你因某件事生气时，要懂得控制自己的愤怒。青少年可以通过事后与自己的家人、挚友倾诉达到发泄的作用，而不能将这种情绪直接传达给你的合作伙伴。

一笔买卖，两头赢利

> 如果不顾他人的利益，只知道往自己的荷包里塞钱，那么，总有一天会有人将你的钱从荷包里掏走。

——犹太格言

很久以前，一位希腊国的国王有三个儿子。这三个小伙子各个都很有本领，难分上下。可是他们自恃本领高强，都不把别人放在眼里，认为只有自己最有才能。平时三个儿子常常明争暗斗，见面就互相讥讽，在背后也总爱说对方的坏话。

国王见到儿子们如此互不相容，很是担心，他明白敌人很容易利用这种不睦的局面来乘机攻打，那样一来国家的安危就悬于一线了。国王一天天衰老，他明白自己在位的日子不会很久了。

可是自己死后，儿子们怎么办呢？究竟用什么办法才能让他们懂得要团结起来呢？一天，久病在床的国王预感到死神就要降临了，他终于有了主意。

他把儿子们召集到病榻跟前，吩咐他们说："你们每个人都放一枝箭在地上。"儿子们不知何故，但还是照办了。国王又对大儿子说："你随便拾一枝箭折断它。"

大王子捡起身边的一枝箭，稍一用力箭就断了。

国王又说："现在你把剩下的两枝箭拾起来，把它们捆在一起，再试着折断。"

大王子抓住箭捆，折腾着满头大汗，始终也没能将箭捆折断。

这时国王语重心长地说道："你们都看得很明白了，一枝箭，轻轻一折就断了，可是合在一起的时候，就怎么也折不断。你们兄弟也是如此，如果互相斗争，单独行动，很容易遭到失败，只有三个人联合起来，齐心协力，才会产生无比巨大的力量，战胜一切，保障国家的安全。这就是团结的力量啊！"

儿子们终于领悟了父亲的良苦用心，国王见儿子们真的懂了，欣慰地点了点头，闭上眼睛安然去世了。

一笔生意，两头赢利，能不能策划得如此完美，就看你的经商智慧了。精明的商人在处理利益时，特别善于做到两头赢利。因为他们明白，两头赢利的生意不但能使对方欢喜，更能为自己争取更大的利益。个人如果光想着自己的利益，只知往自己的口袋里塞钱。那么，当对方知道自己的利益受到了严重的损害时，他们便会义无反顾地与你断绝生意上的往来，到那时，你就得不偿失了。所以，好生意要尽量做到两头赢利。

自我训练

小张、小王、小李、小丁4人是好朋友。有一天，小张因为要办点事情，就向小王借了10元钱，小王正好也要花钱，就向小李借了20元钱，而小李自己的储蓄实际上也不多，就向小丁借了30元钱。而小丁刚好在小张家附近买书，就去找小张借了40元钱。

之后的某一天，4人决定一起出去逛街，同时想将欠款一一结清。那么他们4人该怎么做才能动用最少的钱来解决问题呢？

解答： 只要让小王、小李、小丁各拿出10元钱给小张就可以了，这样只动用了30元钱，否则，每个人都按照顺序还清的话就要动用100元钱。

远以别人的利益为先

天下没有卖不掉的产品，只有不会卖的人。

——犹太格言

迈克是一家信封公司的老板。有一次，他去拜访一个客户，那个客户一看见他就说："迈克先生，你不要来了。我知道你很有名，但我们公司绝对不可能和你下信封的订单，因为我们公司的老板和另一信封公司的老板有25年的深交，我们25年前就和他交易了。所以，迈克先生，我建议你不要浪费时间。"

但迈克先生没有放弃。他有很多办法，最为独特的方法就是永远先为别人的利益着想。一个偶然的机会，他得知这家公司采购经理的儿子崇拜的偶像是洛杉矶一个退休的伟大球星；他又打听到他的儿子很喜欢打冰上曲棍球。一天，他听别人说这位经理的儿子出车祸住院了，迈克觉得机会来了。他去买了一根曲棍球杆，想方设法让球星签名后送给这个人的儿子。这个小孩高兴极了，拿着曲棍球杆觉得脚也不疼了，要下床来运动，迈克见此，愉快地告辞了。

他的父亲看到儿子高兴的样子，非常感动。结果是可想而知，这个采购经理和迈克签了400万美元的订单。

寄语青少年

追求利润是每一个商人的天职。而成功商人遵循的是共赢原则，他们认为"利己"并不一定非得要建立在"损人"的基础之上。在自己达成目标的同时，应该间接或直接为别人带来好处，至少，不应损害他人的利益。只有这样，才能保证自己的持续发展。

如何做到以别人的利益为先

1. 遇到好事把别人推到前面。主动把好处让给别人的优点是烦心事少。
2. 生意场上要牢记，先保障不让对方亏损，这样别人才乐意跟你做生意。

同行是冤家也是亲家

> 在如今这个特定的背景下，同行之间如果能通过适当的方式进行愉快的合作，也可以由冤家变成亲家的。

> ——犹太格言

在一条街上，有好几家犹太餐馆，生意都非常红火。然而，其中一家的犹太老板却不甘心，他总觉得别人抢了自己的生意，如果把其他几家都挤走，自己的生意必然会更好。于是，他就想尽方法来排挤对方。几经努力，终于整条街上只剩下他一家餐馆了。

然而，让人奇怪的是，这家餐馆的生意不仅没有更好，反而越来越差，最后也关门了。

为什么会这样呢？

原来，其他几家餐馆都在的时候，这里形成了一条颇有名气的小吃街，很多人都是慕名而来，因而客流量非常大，各家的生意因此也很好。

然而，只剩下这一家之后，人们觉得没什么意思，也就不会再来了，客流量自然也就越来越少。

由此可见，同行不一定就是冤家，如果一个人只讲竞争，不讲合作的话，就会陷入孤军奋战的困窘之境。反之，如果别的同行参与竞争，不仅会在压力的推动下使自己更加强大，还可以几家一起开拓出一片更广阔的市场。

自我训练

与他人合作的技巧

1. 先规定好两人的权利和义务。这样做是为了避免在工作中产生冲突、意见分歧而发生争执，不论是朋友还是合作伙伴，这样的事情对于合作本身来说都是不太好的事情。一旦发生这样的事，也好根据事先制订的规则行事。

2. 做好自己的份内事。合作的关系十分微妙，但是有一点十分肯定，只要你做好自己的分内事，那谁都不会对你说三道四。

让顾客赢"利"

> 金钱是对人生的美好祝福，是上帝赐给人的礼物。
>
> ——《财箴》

一家叫奥兹莫比尔的汽车厂，位于美国康涅狄格州，它的总裁是一位犹太人。该厂的生意曾长期冷清，工厂有倒闭的迹象。

犹太总裁卡特对该厂的情况进行了反复认真的思考，针对存在的问题，对竞争对手以及其他商品的推销术进行了认真的比较和分析，最后博采众长，尽可能克服因方法陈旧使消费者麻木迟钝的缺点，大胆推出买一辆轿车便送一辆轿车的出众办法。由于他们积压了一批轿车，不能及时出手，资金也没法收回，仓租利息却处于上扬趋势。所以广告中就声明谁买一辆"托罗纳多"牌轿车，谁就可以同时得到一辆"南方"牌轿车。

这种手段果然一鸣惊人，使很多对广告习以为常的人刮目相看。许多人闻讯后不辞辛苦也要来看个究竟。该厂的经销部一下子门庭若市。过去无人问津的积压轿车竟被人们争相采购，该厂如广告所说实现了承诺，免费附赠一辆崭新的"南方牌"轿车。

但这样一来，奥兹莫比尔汽车厂不仅车兜售一空，而且资金迅速回笼，扩大了再生产的能力；"托罗纳多"牌轿车的消费者增多，名声大振，市场占有比率大大提升；一个新的牌子"南方"牌被引了出来，这一低档轿车以"赠品"问世，最后开始独立行销……奥兹莫比尔汽车厂因此起死回生，生意蒸蒸日上。

寄语青少年

犹太人这种"声东击西，明亏暗赚"的手法，不仅吸引了顾客，而且大大地提高了知名度，一举两得，不得不让人叫绝。犹太民族正是凭借着他们的聪明才智，在各大洲之间辗转迁移，赚取了让世人瞩目的财富。

自我训练

促销的手段

1. 买一赠一的幌子

顾客都十分喜欢赠品这个环节，只要合理计算正品和赠品之间的价值利润，就会很好的吸引顾客前来购买。

2. 年终返利的诱惑

许多人持续关注某个品牌或者店面，是因为从这里有比较优惠的机会可以享受。购买一定金额的产品，然后到了年终按比例返利，这就是让客户持续关注自己的好办法。

三个一相加大于三

> 个人的知识和能力是有限的，依靠和利用团队成员的知识、经验和能力共同完成项目是明智的选择，不必担心功劳被别人抢走。
>
> ——犹太谚语

一次空难，有三名幸存者落入了陌生的丛林，他们分别是教授、运动员、厨师。起初，三个人谁看谁都不顺眼。

眼前是危机四伏的丛林，无论哪个人脱离另外的两个人都可能陷入丧生的危险。生存的意念让他们暂时不能分开，虽然他们对另外的两个人都不太买账。

教授自诩博学，说运动员是四肢发达、头脑简单；说厨师只懂油盐酱醋、锅碗瓢盆。运动员反唇相讥，说教授是书呆子、老学究，自以为是的"四眼狗"(因为教授戴眼镜)。厨师也自我辩解，"民以食为天"，"人是铁，饭是钢，一顿不吃饿得慌"，要其他两人重视自己的价值。

尽管三个人职业不同、身份各异，但是求生的本能却是相同的，所以骂归骂，三个人还是决定结伴逃生。

野外生存的挑战中，首先是厨师发挥了作用。教授、运动员饥不择食，采了蘑菇欲尝鲜，厨师一眼就看出蘑菇的品种和性质，大喊一声不能食用。要不是厨师眼疾手快，夺下有毒的、分拣出无害的，二人就要"命因口丧"了。

接着是运动员大展神威。三人在丛林中被猛兽追逐，情急之下教授、运动员翻身上树，无奈厨师体胖，磨磨蹭蹭上不去。千钧一发之际，多亏运动员奋力将厨师拖上树，才逃脱此劫。

惊魂稍定，运动员自恃力强，为大家攀岩采果，不小心跌下摔伤。教授略懂医道，知道该用什么药治疗，却是纸上谈兵，不会鉴识林中草药；厨师识得百草，却不懂如何调和入药。二人合作，调和百药，悉心照料，运动员方得康复。

几经波折，三人尽释前嫌，齐心协力共渡难关，最终利用教授的眼镜聚焦阳光点燃篝火，引来营救的队伍。

回忆逃生之路，三人感叹：若三人都是教授，定因毒草丧命；若三人都是厨师，也都成猛兽果腹之物；若三人都是运动员，恐怕会暴尸旷野。幸喜三人各不相同，虽然各有所短，亦各有所长，取长补短，终得生还。

寄语青少年

自己的强大并不能保证获得成功。许多时候我们还要依靠他人的力量才能抵达成功的峰顶；也唯有帮助更多人成功，我们才能有往上成功攀升的能量。

自我训练

商场有句俗语是"天大的面子、地大的本钱"，这道出了人脉资源在商业活动中的重要性。经营好自己的人脉，财源就会滚滚而来。游戏也是积累人脉的好办法之一。

启动游戏：

请花几分钟时间填写完下面的问题：

1. 请简要描述一下你的精彩时刻。

生活中：

工作中：

2. 你认为感觉最强烈的3种感情是什么？

生活中：

工作中：

3. 你是如何为你的精彩时刻庆祝的，或者你是如何赞誉它们的？

生活中：

工作中：

游戏建议：

你可以把这个游戏让你身边的好朋友或者同事去做。从而更好地了解他们，分享他们的精彩时刻，但要注意在与大家分享经历时，一定是要鼓舞士气的，千万不能表现得傲慢和自大。与朋友做这个游戏的时候，实际上是你经营人脉的最好时机，你可以通过积极的表现充分展示你的好人缘。好人缘是财源的基础。

奉献钱以外的利益

如果你没有足够的钱作为合作的条件，千万不要灰心，你还有钱以外的很多价值。

——西方民谚

杰夫·巴恩斯是居住在伦敦的一位孤独而富有的老人，他无儿无女，体弱多病，决定搬到养老院去住。为此，老人决定出售自己位于伦敦郊外的一栋漂亮公寓。

买房者闻讯蜂拥而至，公寓的底价最初定为8万英镑，但是很快就被炒到了10万英镑，并且价钱还在不断攀升。斯蒂夫·特里是一个普通的单身打工族，他看到媒体的报道后，也对这栋房子产生了兴趣——尽管他的积蓄只有1万英镑。但他决心想办法买下这栋房子。

怎样才能用1万英镑买到价值10万英镑的房子呢？如果换成是其他人，恐怕早就打退堂鼓了。然而，特里却不这么想。他看着报纸上巴恩斯的照片，突然冒出一个大胆的想法。经过一番考虑后，特里决定亲自去见巴恩斯一面。

特里谎称自己是一家房产杂志的记者，要采访巴恩斯。巴恩斯把他请到了自己的餐厅。特里看到巴恩斯窝在沙发里，眼窝深陷，目光无神。但是特里发现，即便他面色如灰，说话的口气也还是那么强硬："请不要浪费我的时间，年轻人，我只给你5分钟！"

特里微笑着坐下来，注视着老人，缓缓地说："先生，首先请原谅我，其实我并不是杂志的记者。"

"什么，你敢骗我！"老人的愤怒只持续了不到一分钟，"算了，不管你是做什么的，我只给你5分钟！"

"先生，坦白地讲，我是想要买您的房子。"

"说吧，你打算出价多少，目前别人给出的最高价码是12万英镑。"

衣着寒酸的特里坐到老人跟前，真诚地说："先生，我真的很想买下这栋房子，但目前我只有1万英镑的积蓄！"

"1万英镑？小子，你是在耍我吧？"老人愤怒地站起来。

"先生，请不要激动，坐下听我说完！请原谅我的唐突。当我从报纸上第一眼看到您的照片时，我就觉得您跟我很有缘。其实，我非常理解您此时卖房子的心情，坦白地讲，我知道您搬到养老院是迫于无奈，否则您是不会卖掉这栋漂亮的陪您度过了大半生的房子。"

老人的眼神由愤怒激动转为平和，他嗓音低沉："你说得不错，但是目前我也没有别的办法，我现在最需要的就是钱，养老的钱，难道就凭你兜里的1万英镑就可以让我度过我的后半生吗？"

"可以的！"特里坚定地说，"我现在也是一个人，如果您愿意把房子卖给我，我会与您一起生活，请相信我，我绝不会打扰您正常的生活，我的生活也很简单，就和您一样，读读报纸，喝喝茶，看看杂志，散散步，更重要的是，我会像对待我的祖父一样关心和照顾您！"

"说的倒挺好，但是我凭什么相信你？1万英镑就把这房子卖给你，我究竟是疯子还是傻子？"

"先生，你可以不相信我，我知道要相信一个人并不容易，但我也知道，凭您的阅历与经验，你应该清楚我是什么样的人。现在我把我的名片留在桌子上，你可以继续等待别的买家。如果你在周末想找个人陪你一起去钓鱼的话，可以随时去找那个叫斯蒂夫·特里的傻小子！"

三天后，特里接到了老人的电话："小子，你那1万英镑没有赌马输光吧？"

"当然没有。"特里笑着回答。

寄语青少年

没有绝望的形势，只有绝望的人。有时，善于打开传统思维的死结，或从事物本身存在的差异上考虑问题，就能做到"柳暗花明"。机会随时会出现，随时也会溜走，要想抓住它，你就不要让过去的经验成为阻碍自己前进的绊脚石。

自我训练

认清金钱的真面目

揭开金钱的神秘面纱，我们就会发现钱不过是一种商品，如果丧失了那种能够交换商品的能力的话，纸币不过是一些废纸，金属币也只不过是一堆破铜烂铁。

货币如同魔术师的神秘魔术，它神奇地吸引着人们的注意力，调动着人们的欲望，渗透每一个角落，用一种看不见的强大力量牵引着人们的行为。因此，我们要正确认识货币，更要正确使用货币。

合则两利，分则两伤

如果不能独立赢利，那么永远不要放开你的合作者。

——犹太格言

西门和葛芬柯两个人是同乡，而且年龄相当，生日只相差3个星期。14岁时，他们同在当地的合唱团里唱和声。24岁时，他们两个就有了第一张高居排行榜首的唱片《寂静之声》，人们看好他们将会成为流行歌坛中的最成功的歌手。

接着，他们创下了歌坛纪录：唱片《回家的路上》《我是一块滚石》，脍炙人口，红极一时。影片《毕业生》中他们所唱的主题歌《罗宾逊夫人》，一经唱出，便风靡了全国。他们的唱片集《恶水上的大桥》不但赢得了五项"葛莱美奖"，还售出了1500万张。不过，这是他们合作的最后一张唱片。

29岁那年，西门和葛芬柯两人终于分手了。从此，他们各走各的路。共同携手进行的唱片业的时间，只维持了6个年头。分手之后，两个人谁也没有再次获得当初合作时所取得的成就。

他们合作时，是西门作曲，葛芬柯演唱。也就是一个是幕后的创作者，一个是台前接受掌声的歌唱家。西门在提到《恶水上的大桥》唱片集时，表情很无奈地说："歌是由我写出来的，我也知道得由葛芬柯来演唱才行。可是，他是那样的成功、受崇拜，而我却在一旁受到冷落，眼睁睁地看着荣耀都堆在了葛芬柯一个人身上，心中真是承受不了。"

恰恰是成功，扼杀了西门与葛芬柯之间的友谊。如此完美且有益的搭档，就这样分崩离析，实在是令人扼腕痛心。我们生存在一个合作努力的时代中，几乎所有成功的企业，都是在某种合作的形式下经营。

自我训练

维持友谊的技巧

1. 不要为小利益斤斤计较

小小的利益纠纷在朋友相处的过程中虽然不太起眼，但处理不好很容易发生大的问题。首先自己不要在意这些小事，要多看到朋友优秀、亲切的一面。

2. 有福同享有难同当

只有共同担当过苦难的朋友才是值得信任的死党，但是还要注意，一同享福的过程中更加考验朋友之间的友谊，一定要秉承耐心、大度的原则。不要因为十分熟悉就缺少了沟通。

第十二章

金钱并不是人生的全部

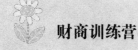

财商训练营

做人格完善的青少年

树立正确的金钱观，对于正处于成长期的青少年来说是十分紧迫的课题。

金钱对人来说的确是重要的，但它是人生的全部吗？是不是只要有了金钱就意味着拥有了一切？答案当然是否定的。金钱不等于财富，财富也不等于金钱。金钱是流动的，像水一样流来流去、流进流出。真正的富有，不在于拥有万贯家财。什么叫"富"？心中无缺为富。真正的富人，不光是有钱，还有心灵的富有。

财富应该有两层含义，人应该拥有物质层面的财富和精神层面的智慧财富。物质上的富有在一定程度上说其实是在为精神上的富有打基础，自由感、知识、善良等这些都是人生的财富，也是人们获得幸福感最终的源头。

那么，应该怎样做一名人格完善的青少年呢？

1. 履行自己的承诺

试想一下，上次答应过别人的事情是否真的做到？你是否是一个经常迟到的人？青少年需要经常这样反问自己，对于没有按时履行的事情要进行反省。青少年要坚持做诚实守信的人，答应别人的事情不轻易食言，树立自己的尊严从诚信做起。

2. 认清自我，切勿将金钱当作人生目的

金钱不应当是生命的目的，它只是生活的工具。青少年正处于成长阶段，价值观还没有完全成熟起来，但这并不影响青少年对于自我的认识。假如现在有人给你一千万，要与你的人生理想做交换，吃喝玩乐与那一千万会成为你生命仅剩的东西，你愿意换吗？

3. 不要将金钱与幸福划等号

在一张纸上列出你最想做的事情，你会写些什么呢？一场远途的旅行？成为作家？或者是做一名漫画师？每个人心中都有专属于自己的梦想，对于这些梦想的靠近或达成才是一个人最幸福的时刻。金钱并不等于幸福，它只是辅助我们走向幸福之路的工具。

4. 同情弱者，帮助他人

你可以做这么一个比较：一件事是你花了高价钱买了一身名贵的衣服穿在身上，一件事是你将口袋里的硬币送给乞讨的人或是帮助那些需要帮助的人，这两件事哪一件会更让你的心灵感到安慰？

5. 为自己贴上座右铭：做勤奋的人

俗语说："千金唾手得，一勤最难求。"黄金万两也会有坐吃山空的一天，唯有勤劳才是永不枯竭的财富。青少年可以在生活中树立勤奋的榜样，努力向榜样看齐；也可以将一些勉励的名言警句挂在墙上或其他醒目的地方，克服懒惰，从小就养成"勤勉努力"的习性，这种无形的财产和力量将会成为你终生受用的法宝。

6. 多读书，读好书，做一个内心富足之人

李嘉诚说过，内心的富有才是财富。虽说金钱可以通向更精致的生活，但书中的景色却是更加广阔、神奇。青少年要养成读书的习惯，不要对读书有限制，吃饭可以挑食，书却是读的越杂越好。规定自己每个星期读一本课外读物，简单的书评会让你对所读的书印象更深刻；定期与其他爱读书的同学进行沟通，看看别人都在看什么书，同时也推荐自己喜爱的书给别人。

7. 懂得感恩，牢记那些帮助过自己的人

对于那些帮助过自己的人，要及时、真诚地表达你对他们的感激之情。青少年可以通过购买小礼物，或者是亲自制作卡片等方式将自己感恩之情传达给别人。在别人需要帮助或指点的时候，不要吝啬自己的意见，做懂得感恩的人。

丢掉金币的重负

当金钱成为负荷的时候，请检查你的钱袋子，它是不是生病了。

——西方民谚

四个商人和一个为他们做杂活的少年，骑着骆驼穿越大沙漠，遇上了沙尘暴。五匹驮着水和食物的骆驼不见了踪影，他们也迷失了方向。天上烈日炎炎，沙漠烘烤如炉。五个人由于极度缺水而无比痛苦，都无力地躺在沙丘下。他们嘴唇干裂，舌头成了一片干木板，全身仿佛在一点点枯萎。每个人口中发出的沙哑声音都是一个字："水！"

胖商人身上此时有一小壶井水，五百克的重量。在穿越沙漠前他灌了一小壶酒，同行的商人和他开玩笑，偷偷倒出酒给他装上了水。出人意料的是，现在这壶水的价值不知要比一壶酒贵重多少倍。这五百克水如果给一个人喝下去，那么这个人很有可能会走出沙漠，脱离险境；如果五个人各喝一份，每人喝到一百克水，毫无疑问大家都将倒在沙漠里。

另外三个商人都把目光盯向了胖商人身上的那一小壶水，他们一致认为能让自己喝到那小壶水的最有效办法，就是用金钱换取。于是，瘦商人抢先提出用十枚金币买那一小壶水。另外两个商人也马上竞价买水。很快，那一小壶水涨到了一百枚金币。

那个做杂活的少年一声不响，绝望地闭着眼睛躺着听他们争吵着买水。因为他身上连一分钱都没有，因而那壶水跟他没有一点关系。

但是，另外三个商人谁也没有买到那小壶水，因为胖商人不为金币所动，他十分清楚，那壶水现在就相当于生命，没有了生命，要那么多金币又有何用呢？他坚决地说："不管你们出多少金币我都不会卖！"

另外三个商人被胖商人激怒了，于是四个商人之间很快地发生了争斗，先是厮打叫骂，拳头相加，很快用上了贴身的匕首。一会儿之后，搏杀平息了，四个商人都倒了下去。他们流出的黏稠的血，在烈日下很快就干枯了。

四个商人都没有得到的那小壶水，却意外地落到了身无分文的少年手里。这始料不及的突变竟使少年一时茫然不知所措。沙漠里散落的大把金币，在太阳的照射下闪闪发光。此时，只要少年肯弯下腰，他就可以成为它们的新主人。但是，少年没有弯腰，因为他明白，拾一枚金币就可能会拾两枚、三枚以致全部，沙漠中负重行走会加大干渴的程度，他虽然得到了这小壶水，但同样还可能倒下去。因此，少年捡起水壶，然后头也不回地离开了那些金币。

寄语青少年

生活在现代社会，金钱对我们的重要性不言而喻。但是，尽管金钱对我们来说十分重要，但这并不意味着有了金钱就能够做任何事情。因为金钱买不来亲情、友情和爱情，也无法买到快乐。世界上的很多东西，是无法用金钱来衡量的。所以，别再把金钱看得那么重要，因为金钱不是万能的。

❤ 自我训练

什么时候要舍弃财富

当生命和财富放在一起的时候，你要毫不犹豫的放弃财富。遭遇歹徒、灾难等需要逃命的关键时刻，财富就成了自己的累赘，要毫不犹豫地放下金钱赶紧逃命。遭遇歹徒切勿靠近，扔钱就跑；遭遇火灾切勿回头，夺门便出。生命只有一次，不要心存侥幸，丢弃金钱，最大程度的扩大自己生还的可能性是明智的选择。

身无分文，不碍富贵

人们的成就绝不是以银行存款来衡量的。

——犹太格言

有一位贫穷的哲学家，生活潦倒。当他是单身汉的时候，因为没有钱，只能和几个朋友一起住在一间小屋里。尽管生活非常不便，但是，他一天到晚总是乐呵呵的。

有人问他："那么多人挤在一起，连转个身都困难，有什么可乐的？"

哲学家说："朋友们在一块儿，随时都可以交换思想、交流感情，这难道不值得高兴吗？"

过了一段时间，朋友们一个个相继成家了，先后搬了出去。屋子里只剩下了哲学家一个人，但是他每天仍然很快活。

那人又问："你一个人孤孤单单的，有什么好高兴的？"

"我有很多书啊！一本书就是一个老师。和这么多老师在一起，时时刻刻都可以向它们请教，这怎能不令人高兴呢？"

几年后，哲学家也成了家，搬进了一座大楼里。这座大楼有七层，他的家在最底层。底层在这座楼里环境是最差的，上面老是往下面泼污水，丢死老鼠、破鞋子、臭袜子和杂七杂八的脏东西。那人见他还是一副自得其乐的样子，好奇地问："你住这样的房间，也感到高兴吗？"

"是呀！你不知道住一楼有多少妙处啊！比如，进门就是家，不用爬很高的楼梯；搬东西方便，不必费很大的劲儿；朋友来访容易，用不着一层楼一层楼地去叩门询问……特别让我满意的是，可以在空地上养些花、种些菜。这些乐趣呀，数之不尽啊！"

后来，那人遇到哲学家的学生，问道："你的老师总是那么快快乐乐，可我却感到，他每次所处的环境并不那么好呀。"

学生笑着说："决定一个人快乐与否，不在于环境，而在于心境。"

这位哲学家生活穷困，但是他拥有快乐心境，因此他永远乐呵呵的。华服美衫、别墅豪宅都不过是人生的装饰品而已，而一份快乐自在的心境，忧患时快乐，落魄时洒脱，难道不是一种令人羡慕的富有？

穷人可能没有很多钱，但拥有健康的体魄、聪慧的头脑以及明确的志向，这难道不比那些穷得只剩下钱的富人更富有吗？

穷人可能没有漂亮的妻子，但拥有宁静的内心，并且执着地相信着单纯而美好的爱情。

穷人可能没有足以炫耀的事业，但拥有不断攀升、永远向上的斗志，永远有一种自信乐观的心态，池中之物也可化作飞龙在天。

寄语青少年

外财与内财俱有，物质与精神同重，接受与施舍并行，这才是星云大师眼中真正的富人。即使一个身无分文的穷人，也能在达观的心境中努力地修炼出以上的品德，成为一个真正的富贵之人。身无分文，也不碍富贵，穷人不一定永远穷困，他们的内心强大，所激发的外力也非同一般，他们一样能制造财富，与富人并驾齐驱。

自我训练

增加内在气质的几个要点

1. 不要憎恶别人，而是憎恶他的恶

人都免不了犯错误，青少年自己也会是犯错误中的一员。我们应该憎恶、剔除的是恶的因素，而不是对当事人作出不可翻身的指责，这才会从根本上解决恶的问题。这样也是锻炼一个人宽容心态的心理指导方法。

2. 保持独立的见解

多阅读，多思考，最终的目的是要保持自己的独立见解，而不是人云亦云。不要轻易认同别人的话，除非是经过了深思熟虑。这样的人最容易得到大家的信任，也最容易增加自己的内在气质。

把善良当作财富来继承

> 金钱是生活的必需品，同时也是表达爱心的工具。
>
> ——犹太格言

有这样一个美丽的故事：一个冬天的晚上，詹姆斯的妻子不慎把皮包丢在了一家医院里。詹姆斯焦急万分，连夜去找。因为皮包内装着10万美元和一份十分机密的市场信息。当詹姆斯赶到那家医院时，他一眼就注意到，一个冻得瑟瑟发抖的瘦弱女孩靠着墙根蹲在走廊里，在她怀中紧紧抱着的正是妻子丢落的那个皮包……

这个叫尤兰达的女孩，是来这家医院陪妈妈治病的。她们的钱已经用完，这笔钱正好可一解燃眉之急，但母女两人决定还是要还给失主，于是小女孩就在走廊里等着。

詹姆斯感激不已，主动提供了她们急需的帮助。并在尤兰达的母亲死后，主动收养了她。此后，尤兰达读完了大学，以后就协助詹姆斯料理商务。虽然詹姆斯一直没委任她任何实际职务，但是，富商的智慧和经验潜移默化地影响着她。她在长期的历练中，成了一个精明成熟的商业人才。詹姆斯到晚年时，很多商业决策都要征求尤兰达的意见。

詹姆斯临危之际，留下这样一份遗嘱："在我认识尤兰达母女之前我就已经很有钱了。可是，当我站在贫病交加却拾金不昧的母女面前时，我发现她们最富有。因为她们恪守着至高无上的人生准则，这正是我作为商人最缺少的。是她们让我领悟到了人生最大的资本是品行。我收养尤兰达既不为知恩图报，也不是出于同情。而是请了一个做人的楷模。有她在我的身边，生意场上我会时刻铭记，哪些该做、哪些不该做，什么钱该赚、什么钱不该赚。这就是我后来事业发达的根本原因。我死后，我的亿万资产全部留给尤兰达。这不是馈赠，而是为了我的事业能更加兴旺。我深信，我聪明的儿子能够理解父亲的良苦用心。"

詹姆斯从国外回来的儿子，仔细看过父亲的遗嘱后，立刻毫不犹豫地在财产继承协议书上签了字："我同意尤兰达继承父亲的全部资产。只请求尤兰达能做我的夫人。"尤兰达看完富翁儿子的签字，略一沉吟，也提笔签了字："我接受先辈留下的全部财产——包括他的儿子。"

寄语青少年

善良，是一种温馨的力量，它总是很容易的聚集人气，使你成为最受欢迎的一个。一个人的生命，除非有助于他人，除非充满了喜悦与快乐，除非养成对人人怀着善意的习惯，对人人抱着亲爱友善的态度，并从中得到喜悦与快乐，否则他就不能称得上成功，也不能称得上幸福。

自我训练

锻炼善良这种力量

1. 不要相信恶势力的言论

青少年要对所有关于真诚善良的批判都保持怀疑、探究的态度。保持思考能力才是坚持善良这种力量的根本能力。

2. 把自己的善良传播出去

勿以善小而不为，勿以恶小而为之。只要青少年坚持道德底线，广为小善，杜绝小恶，时间一长便会感觉到善的力量。

用劳动摆脱金钱的束缚

除了努力工作以外，我没有什么成功的诀窍。

——犹太格言

有一艘船触了礁，两位船员只好上岸来到一个陌生的国家。因为肚子非常饿，两人就进入了一家餐厅用餐，吃饱欲付账时，餐厅老板对他们俩说：

"你们是第一次来到敝国吧！我们国家和别的国家不一样，买东西时不用付钱，店家反而要付给你同额的钱，所以你们在我这里用餐，我应该给你们一笔钱，请收下吧！"两个人既惊又喜地收下了钱，心想也许是这家老板拿他们开玩笑，就想到别家商店试试。于是，他们进入一家高级西装店购物，果然老板也付钱给他们。就这样，他们开始了大采购，鞋子、帽子、手表……任何想买的东西都买下来了，结果手上的钱也多得数不清了。因此，他们只好又买了一只大提箱，同样，也得到了一笔同额的钱。

刚开始，他们只觉得好玩，而且想获得更多的钱，但是后来他们发现自己拥有的物品越来越多，身上的钱也越来越多。

因为提箱实在太重了，两人就讨论着要丢掉一些钱，于是他们来到垃圾桶边开始丢钱。

就在这时，一个警察走了过来，十分礼貌地对他们说："先生，我们这里对扔掉现金的人要处以与之等额的罚款。"那两个人吓了一跳，不过很快就转过弯来了。"好呀，"他们指着垃圾桶里的钱，说："这些钱算是我缴的罚款。"

"不！"警察从警车里拖出一大箱钱，说："法律规定，所有罚款都由国家支付。请你把这些钱都带走，否则，要加重处罚。"

这真是出乎意料的判刑，身上已经有那么多钱了，如果继续留在这个国家，总有一天会被钱压死。

于是，他们两人就开始动脑筋，准备逃回当初上岸的海边。不料，他们的计划被警察察觉了，警察十分明确地告诉他们："法律规定，任何人一旦进入我们国家就不得离开，违反者将处以巨额罚款，当然也是由国家支付给犯法者。"

看来，自己是走上了一条不归之路，那两个船员无奈地问警察："这些钱我们实在背不动了，我们该怎么办呢？"

警察说："你们可以找一份工作。凡是参加工作的人，非但没有报酬，还可以根据贡献，由国家回收个人持有的现金。如果你要高消费，又要摆脱随之而来的金钱的负担，唯一的办法就是努力工作。"

两个船员来到码头，在码头上找了一份工作。经过一段时间的苦干，很快摆脱了金钱的拖累。后来，他们才知道，在这个国家，即使可以各取所需，也不能不劳而获，只不过是先得到，后付出罢了。

原来，钱太多也会成为一种负担。

很多人，一生的梦想就是赚很多钱，他们以为有了钱就可以过上幸福的生活。殊不知，钱太多也是累赘。

寄语青少年

在很多人眼里，把金钱看得很重，他们以为有了钱就有了一切，所以他们希望自己拥有的金钱越多越好。事实上，这种观点是错误的。有的时候，钱太多反而会成为一种累赘。金钱是人们生活的必需品，但是我们的生活并不仅仅只有金钱。

用劳动换取金钱的方法

1. 清楚了解自己的优点

用自己的优点去赚钱，要先了解自己到底在口才、思维、策划、体力、协调力等方面哪一个最突出，然后就这一点去积极锻炼、发展，这个突出的能力最终会带给你财富。

2. 了解劳动的规则和法规

我们在付出劳动的同时还要注意劳动的规则，如果不按照规范操作，再好的能力都会付诸东流。同时还必须了解一下劳动法规，这样才不至于自己的劳动被别人窃取。

享受金钱带来的幸福

> 将所有的时间、精力和思想都集中在获取财富上，并不意味着要变得利欲熏心或唯利是图。
>
> ——西方民谚

美国棉花大王赫尔曼出身贫寒，在他创业初期，他保持着为人的低调、谦虚和正直。但是，当黄金源源不断地流进他的口袋时，他变得贪婪、冷酷。为了获取最多的财富，他秉承着"进攻是最好的防守"的原则，加速着行业内的并购风潮。很多企业因此破产倒闭。盛产石油的宾夕法尼亚州油田附近的居民也深受其害，并对他深恶痛绝。有的受害者干脆做出他的木偶像，亲手将

"他"处以绞刑，或乱针扎"死"。

无数充满憎恶和诅咒的威胁信涌进他的办公室。连他的兄弟也十分讨厌他，而特意将儿子的遗骨从洛克菲勒家族的墓地迁到其他地方，他说："在赫尔曼支配下的土地内，我的儿子变得像个木乃伊。"

由于为金钱操劳过度，赫尔曼的身体变得极度糟糕。医师们终于向他宣告了一个可怕的事实，以他身体的现状，他只能活到50多岁，并建议他必须改变拼命赚钱的生活状态，他必须在金钱、烦恼、生命三者中选择其一。

直到这个时候，赫尔曼才开始醒悟到是贪婪的魔鬼控制了他的身心。他听从了医师的劝告，退休回家，开始学打高尔夫球，上剧院去看喜剧，还偶尔跟邻居闲聊。经过一段时间的反省，他开始考虑如何才能让自己庞大的财产发挥更大的作用。

1904年，赫尔曼设立了"赫尔曼医药研究所"，两年后他成立了"教育传播会"，后来他又设立了"赫尔曼克菲勒基金会"和"赫尔曼夫人纪念基金会"。

赫尔曼的后半生摆脱了金钱的束缚，他充分享受金钱所能提供给他的优厚的物质生活，同时也利用金钱寻找到了心灵的平衡与慰藉。

1939年，赫尔曼逝世，享年90岁。他死时，只剩下一张莫菲公司的股票，因为那是第一号，其他的产业都在生前捐出或分赠给继承者了。

寄语青少年

拿得起、放得下才是对待金钱的正确方法，赚钱是为了更好的生活，但金钱并非人生的唯一追求。假如人们把追逐金钱当作唯一的目标和宗旨，就会成为被困在金钱陷阱中的猎物，被所追求的财富捆绑起来，也很难得到真正幸福的生活。

自我训练

"一寸光阴一寸金"告诉人们要珍惜时间，对于商人来说，不但要珍惜时间，更要懂得管理时间。

启动游戏：

时间是解决问题的限制因素，了解时间管理的重要性，并学会有效地管理时间。在日常的工作和生活中要分清轻重缓急，就要学会对时间进行有效管理。

1. 假设你手里有一张支票，支票上的数目是56600元，然后你只有24个小时的时间，必须在这24个小时之内花掉这笔钱。

2. 也许你会列一个清单，把这些钱花完。但深思一下：每天的时间都是固定的，只有那么多秒，正如每张支票上的金额都是同样的56600元，为什么我们在考虑如何支配自己的金钱的时候表现得很积极，而对于计划如何支配自己的时间却缺乏兴趣呢？

游戏建议：

做这个游戏的时候，为了让每个参与者更加明白游戏的意义，要注意以下两点：

1. 要明确游戏的意义。

2. 要求你在玩游戏的时候要认真对待。

管理好时间会给我们的工作和生活带来很大的便利。商人也会在时间的管理中获取更丰厚的利润。

不要为钱做紧绷的弓

> 荣华富贵者并不一定就永久快乐。
>
> ——犹太格言

洛克菲勒在33岁时第一次赚到了100万美元。43岁时，他建立了世界上前所未有的最大垄断企业——"标准石油公司"。但他在53岁时又怎么样呢？烦恼和高度紧张的生活已经破坏了他的健康，他的头发全部掉光，甚至连眼睫毛也一样，"看起来像个木乃伊"。

根据医生们的说法，他的病是"脱毛症"。这种病通常是由过度紧张引起的。他的头部光秃秃的，模样很古怪，使他不得不戴上帽子。后来，他订制了一些假发——每顶500美元。从此他就一直戴着这些假发。做不完的工作，无穷的烦恼，长期的不良生活习惯，经常失眠以及缺乏运动和休息，已夺去他的健康，使他挺不起腰来。

洛克菲勒早在23岁的时候就全心全意追求他的目标。当他做成一笔生意，赚到一大笔钱时，他就高兴得把帽子摔在地上，痛痛快快地跳起舞来。但如果失败了，他也会随之病倒。"缺乏幽默感和安全感"，这是洛克菲勒一生的特征。他说："每天晚上，我一定要先提醒自己，我的成功也许只是暂时性的，然后才躺下来睡觉。"他手上已有数百万美元可以任意支配，但他仍然担心失去一切财富。他没有时间游玩或娱乐，从未上过戏院，从没玩过纸牌，从来不参加宴会。诚如马克·汉纳所说："在别的事务上他很正常，独独为金钱而疯狂。"

这些就是洛克菲勒前半生的真实写照。他为了金钱，为了事业，将自己彻底地搞垮了。美国一个著名企业家福特说过："只知工作而不知休息的人，就像没有刹车的汽车，极为危险。"

寄语青少年

西方人主张，一定要在休息日里将自己从世俗的工作中解放出来，完全沉浸在另一种世界里面。在这种世界里，你才能获得思想和灵感的源泉。常言道"利令智昏"，一个在金钱和工作上拿得起放得下的商人，其智力才不会衰竭昏聩。

❤ 自我训练

休闲的技巧

1. 不要把工作带到休闲的时间里

在休闲的时间就只关心自己身心愉悦这一件事，如果加入其他的事情那就不是休闲的时间。不要认为别的事情总比休闲重要，这是错误的看法，休闲也是一件正经事。

2. 选择合理的休闲项目

体育锻炼、阅读、观影、远足等这些传统的休闲活动都是十分健康又有效的项目。如果选择赌博等不健康的休闲项目就容易达到相反的效果。

3. 休闲活动要适度

过度的运动、沉迷于观影、游戏等活动都会对身体造成一定伤害，休闲项目也就变成有害的项目了。